PLANS

DES MAISONS CENTRALES DE FORCE ET DE CORRECTION

de l'Empire Français,

réunis et réduits à l'Echelle d'un millimètre

avec Légendes

et

Tableaux du Cubage des habitations

par Mr PARCHAPPE,

Inspecteur général du Service Sanitaire des prisons

PLANS

DES MAISONS CENTRALES DE FORCE ET DE CORRECTION

de l'Empire Français,

réunis et réduits à l'Echelle d'un millimètre

avec Légendes

et

Tableaux du Cubage des habitations

par **M. PARCHAPPE.**

Inspecteur général du Service Sanitaire des prisons

Lit. G. Schlatter, 26 rue Petit Carreau, Paris.

Rapport

à

Son Excellence le Ministre de l'Intérieur,

par

Le Dr. Parchappe,

Inspecteur Général des Asiles d'Aliénés
et du service sanitaire des Prisons.

Monsieur le Ministre,

Les études préparatoires que j'ai dû entreprendre pour la rédaction de la statistique médicale des Maisons Centrales de force et de correction, dont j'ai été chargé, le 19 Avril 1853, par l'un des prédécesseurs de Votre Excellence, ont dû nécessairement comprendre l'appréciation aussi exacte, aussi complète que possible, des conditions réalisées par ces établissements considérés comme lieux d'habitation pour des détenus valides et malades.

Je me suis ainsi trouvé conduit à recueillir et à réunir, en les ramenant à une même échelle et à des dimensions propres à faciliter l'étude, les plans de toutes les Maisons Centrales de l'Empire et à obtenir par ce moyen un ensemble de données importantes sur la disposition intérieure de ces établissements.

Parmi les éléments de la constitution matérielle des Maisons Centrales, ceux qui se rapportent aux conditions du renouvellement de l'air respirable, se résumant principalement dans le rapport du nombre des habitants à la capacité des habitations, peuvent être rangés au nombre des causes qui exercent la plus grande et la plus constante influence sur la santé.

Aussi ai-je dû m'attacher à recueillir les renseignements les plus détaillés et les plus précis sur les conditions de la ventilation dans les Maisons Centrales.

Des tableaux indiquant, pour chaque établissement, le cubage des habitations principales dans son rapport au nombre des habitants, forment, avec des légendes développées de manière à comprendre tous les étages des divers bâtiments, le complément indispensable des plans qui ont dû être restreints aux Rez-de-chaussée.

Les données principales, fournies sur la disposition intérieure des maisons Centrales par les plans, les légendes et les tableaux de cubage, ne sont sans doute pas suffisantes pour permettre immédiatement un jugement rigoureux et complet sur la salubrité absolue et relative de ces établissements. Cet important et difficile résultat ne pourra être obtenu que par l'étude et la discussion d'un grand nombre de circonstances et de faits dont la constatation détaillée appartient aux notices spéciales qui entrent dans le plan de mon travail général sur la statistique médicale des Maisons Centrales.

Mais ces données constituent pourtant dès à présent, en ce qui touche l'hygiène de ces établissements, un ensemble important de connaissances préliminaires indispensables. Et de plus les documents, qui contiennent ces données, sont de nature à être consultés avec profit et à fournir même des éléments principaux de décision dans un grand nombre de questions qui touchent à l'administration des Maisons Centrales.

C'est l'appréciation éclairée de cette double utilité qui a conduit Votre Excellence à ordonner la publication de la collection des plans des Maisons Centrales de l'Empire, et à donner cette nouvelle preuve de l'importance qu'elle accorde aux études statistiques qui ont pour objet les établissements publics soumis à son autorité.

Veuillez agréer,

Monsieur le Ministre,

L'hommage de mon respect.

Parchappe

Inspecteur général des Asiles d'aliénés
et du service sanitaire des Prisons

MAISON CENTRALE

DE FORCE ET DE CORRECTION

D'ANIANE

(Hérault)

MAISON CENTRALE D'ANIANE.

LEGENDE.

	Rez-de-chaussée.	1ᵉʳ étage.	2ᵉ étage.
A.	1. Entrée. 2. Concierge. 3. Corps-de-garde. 4. Boulangerie. 5. Salle de Bains.		
B.	1. Galerie, Réfectoire. 2. Cabinet de l'Inspecteur. 3. Greffe. 4. Cuisine et dépendances. 5. Vestibule	à l'entresol Lingerie et Vestiaire. au 1ᵉʳ étage Infirmerie.	Salle de galeux Latrines
C.	1. Galerie Réfectoire.	Dortoir.	
D.	1. Galerie Réfectoire. 2. Logement du Directeur. 3. Bureau de l'entreprise.	Dortoir.	
E.	1. Galerie Réfectoire. 2. Salle de Visite du Medecin. 3. Cantine. 4. Ecole Prétoire. 5. Cabinet du Gardien chef. 6. Cordonnerie. 7. Chauffoir des vieillards.	Grand dortoir.	Grand dortoir.
F.	1. Cardage.	Dortoir	
G.	1. Chapelle. 2. Atelier de tricot. 3. Cardage.		
H.	1. Cardage. 2. Ateliers de Menuiserie.	Dortoir de vieillards.	
I.	1. Ateliers de Tailleurs. 2. Ateliers de Serrurerie.	Magasins	
J.	Réservoirs d'eau.		
K.	Préaux.		
L.	Jardin du Directeur.		
M.	Chemin de Ronde.		
N.	Entrée, avenue et cour.		
O.	Bâtiment en projet.		

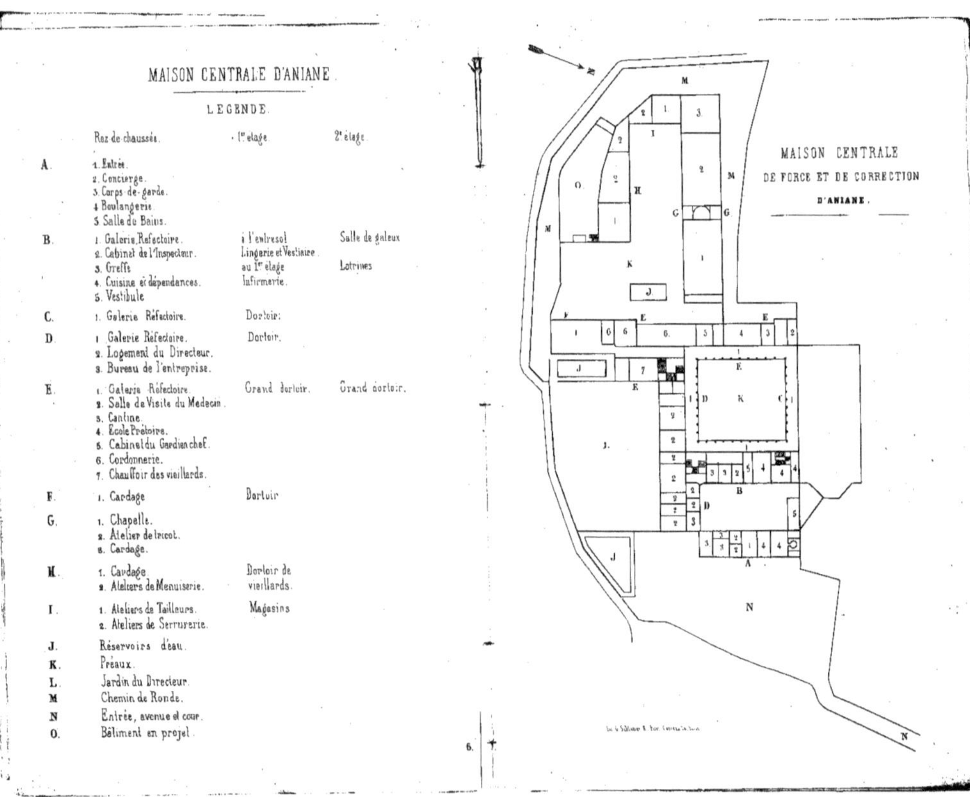

Maison Centrale de force et de correction d'Aniane

Cubage des habitations.

Désignation des habitations.	Nombre de lits ou d'habitants.	Longueur.	Largeur.	Superficie.	Hauteur.	Cube d'air.	Cube d'air par Individu.	Observations.
Dortoir N° 1	155	59.90	9.55	565.36	3.30	1,865.69	12.03	
N° 2	166	59.90	10.90	645.28	3.85	2,484.33	14.96	
N° 3	28	31.00	3.32	102.92	3.90	401.39	14.36	
N° 4	36	13.70	10.40	142.78	4.20	599.67	16.65	
N° 5	54	20.60	10.30	212.18	3.20	678.97	12.57	
Petit Dortoir	23	15.50	7.15	110.82	3.20	354.64	15.41	
Moyenne des Dortoirs ...	462	"	"	"	"	6,384.69	13.82	
Grande Infirmerie ...	33	23.70	9.00	213.30	4.75	1,013.17	30.69	
Petite Infirmerie ...	15	29.00	3.32	96.28	5.00	481.40	32.06	
Réfectoire	462	150.80	3.50	527.80	5.00	2,630.00	5.70	
Chapelle	462	27.20	13.00	353.60	5.85	2,068.56	4.47	
École	76	12.70	6.60	83.82	4.55	381.38	5.01	

Ateliers.

Désignation des habitations.	Nombre de lits ou d'habitants.	Longueur.	Largeur.	Superficie.	Hauteur.	Cube d'air.	Cube d'air par Individu.	Observations.
Carde N° 1	61	17.40	13.00	226.20	6.06	1,370.77	22.45	
Carde N° 2	23	19.55	8.90	173.99	5.30	922.17	40.04	
Carde N° 3	23	13.70	10.40	142.48	4.45	634.03	27.55	
Carde supplémentaire.	8	5.50	8.25	45.87	4.55	208.73	26.00	
Carde N° 4	6	18.65	9.95	185.56	3.65	677.32	112.83	
Cordonniers	71	26.90	6.60	177.54	4.55	807.80	11.36	
Menuisiers	1	7.40	5.90	42.86	5.30	227.15	227.15	
Forge	2	7.05	3.90	27.49	5.30	135.72	67.86	
Tailleurs N° 1 ...	16	8.90	4.70	41.83	4.35	181.96	11.31	
Tailleurs N° 2 ...	13	6.62	4.40	29.12	4.60	133.98	10.23	
Tricoteurs	58	39.00	13.00	507.00	6.05	3,067.35	52.89	

MAISON CENTRALE

DE FORCE ET DE CORRECTION

DE

BEAULIEU

(Calvados)

MAISON CENTRALE DE BEAULIEU

LÉGENDE

	Rez de chaussée.	1er étage.	2e étage.	3e étage.	Étage souterrain.
A.	1. Vestibule. 2. Bureau du gardien-chef. 3. Dépôt des armes. 4. Parloir des visiteurs. 5. Parloir des détenus. 6. Réfectoires. 7. Ateliers d'os. 8. Magasin.	Administration. Presseurs Cordonniers Vernisseurs Magasins	 Dortoirs.	 Dortoirs.	 Ateliers de tisserands.
B.	1. Ateliers de Serrurerie. 2. Magasir. à Pain.	Découpeurs Magasins	Dortoirs. Magasins	Dortoirs. Magasins	
C.	1. Cantine 2. Cuisine.	Magasins Effets des détenus. 	Magasins 	Dortoirs. Sacristie.	Boulangerie. Caves.
D.	Vestibule et Passage.	Lingerie.	École	Chapelle.	
E.	1. Dépot des Pompes. 2. Réfectoire des gardiens. 3. Cachots.	 Cachots.	 Cachots.		
F.	1. Ateliers de Menuiserie.	Salle des inoccupés.	Dortoirs.	Dortoirs.	Ateliers de tisserands.
G.	1. Réfectoire.	Passementiers.	Magasin à farine.	Dortoirs	
H.	1. Manège.	Lingerie.	Bureaux.		
I.	1. Salle des Vieillards.	Filature.	Infirmerie	Dortoirs	Ateliers de lisserands.
J.	1. Entrée du quartier cellulaire. 2. Autel. 3. Cellules. 4. Préaux d'isolement.	 Cellules	 Cellules	 Cellules	 Caves et cachot
K.	Réfectoire des vieillards.	Atelier de couture	Infirmerie du quartier cellulaire.		
L.	1. Infirmerie. 2. Pharmacie.	Infirmerie	Infirmerie.	Grenier.	Cuisine
M.	Buanderie.				
N.	Tours de garde.				
O.	Portier.				
P.	Écurie.				
Q	Préaux.				
R	Chemin de Ronde.				
S	Cour d'Entrée.				
T.	Logement du gardien chef.				
U.	Corps de garde.				

MAISON CENTRALE DE FORCE ET DE CORRECTION DE BEAULIEU.

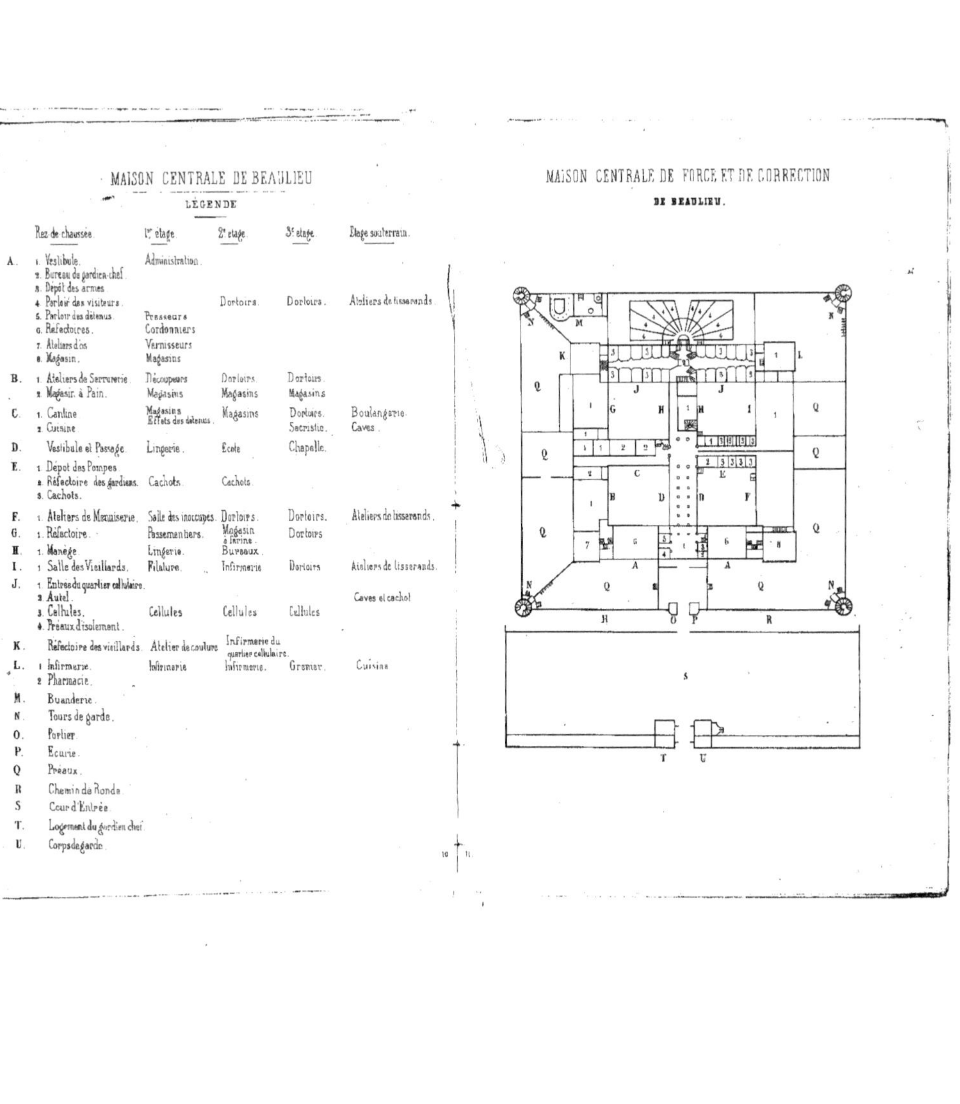

Cubage des habitations.

Désignation des habitations.	Nombre de lits ou d'habitants.	Longueur.	Largeur.	Superficie.	Hauteur.	Cube d'air.	Cube d'air par individu.	Observations.
Dortoir N° 1	184	51.00	10.70	545.70	3.20	1,746.24	9.48	
2	78	28.50	11.70	333.45	3.08	1,027.02	13.17	
2 bis ...	30	9.00	8.50	76.50	3.08	235.62	7.85	
3	78	28.50	11.70	333.45	3.08	1,027.02	13.17	
4	150	51.80	9.60	497.28	3.16	1,571.40	10.47	
5	106	38.50	10.60	408.10	3.16	1,289.59	12.15	
5 bis ...	31	9.00	8.55	76.95	2.85	219.30	7.07	
6	42	4.65	10.60	49.29	3.16	155.75	3.70	
7	72	18.50	10.50	194.25	3.16	613.83	8.52	
8	30	8.60	8.80	75.68	2.90	219.47	7.31	
9	86	24.50	10.50	257.25	3.16	812.91	9.45	
10	26	7.50	8.60	64.50	3.16	203.82	7.84	
Moyenne des dortoirs	913					9,121.97	9.91	
Infirmeries								
Salle rez-de-chauss	14	9.00	8.40	75.60	3.40	257.04	18.36	
Salle 1er Étage ..	14	9.00	8.40	75.60	3.40	257.04	18.36	
Salle 2e Étage ...	14	9.00	8.40	75.60	3.15	238.14	17.01	
Salle 3e Étage ...	14	9.00	8.40	75.60	2.95	223.02	15.93	
Salle Supplémentaire	32	24.50	8.50	208.25	3.05	635.16	19.84	
Moyenne des Inf	88					1,610.40	18.30	
Salle des Militaires ..	3	8.20	8.02	65.76	3.00	197.29	65.76	
Réfectoire N° 1	320	17.15	10.65	182.64	3.51	641.06	2.00	
N° 2	336	18.30	10.65	194.89	3.50	684.06	2.03	
N° 3	304	18.50	10.55	195.17	3.54	690.90	2.27	
N° 4	72	8.20	8.02	65.76	3.65	240.03	3.33	
Chapelle	522	.	.	.	.	1,969.89	3.77	
École	130	17.50	7.70	134.75	3.00	414.75	3.19	
Salle des inoccupés ..	250	28.25	11.60	327.70	3.60	1,070.09	4.28	
Atelier de la voûte .	52	52.50	9.90	519.75	3.50	1,819.12	34.98	
Atelier N° 16	55	24.50	11.10	271.95	3.35	955.65	17.37	
Atelier N° 17	59	25.70	11.10	285.27	3.35	911.03	15.28	
Filature	22	23.90	11.60	277.24	3.60	998.06	45.36	
Cordonnier	50	17.20	8.80	151.36	3.40	514.62	10.29	
Bonneterie	24	28.25	11.50	324.87	3.60	1,073.15	44.71	
Ébénisterie	30	28.25	11.60	327.70	3.50	1,146.95	38.23	
Serrurerie	46	19.10	10.60	202.46	3.55	718.73	15.62	
Scieurs d'os	20	8.50	8.80	74.80	3.50	261.80	13.09	
Presseurs	55	18.30	10.65	194.89	3.50	682.13	12.40	
Découpeurs	61	19.10	10.55	201.50	3.55	718.00	11.77	
Vernisseurs	20	8.50	8.80	74.80	3.40	254.32	12.61	
Arrondisseurs	20	19.10	10.60	202.46	3.50	708.61	35.43	
Tailleurs	20	8.20	8.02	65.76	3.65	240.03	12.00	
Passementiers	29	19.50	11.66	227.37	3.15	716.21	24.69	

MAISON CENTRALE

DE FORCE ET DE CORRECTION

DE

CADILLAC.

(Gironde.)

MAISON CENTRALE DE CADILLAC.

LÉGENDE.

	Rez-de-chaussée	1er Étage.	2e Étage.	Soubassement.
A	1. Logement du Portier.	Logement du Médecin et chambre de gardien.		Caves.
B	1. Logement du Directeur.	Logement du Directeur.		Caves.
C	1. Atelier de Filature et points du filet.	Atelier de Couture et de Ganterie.		Caves.
D	1. Salles d'Infirmerie.	Dortoirs.	Greniers.	Réfectoire. Cuisine.
E	1. Chapelle.	Dortoirs.	Greniers.	École. Buanderie des Sœurs.
F	1. Cuisine des Sœurs. 2. Logement des Sœurs.	Petit Dortoir. Logement des Sœurs.		
G	1. Atelier de Lataniers.	Dortoirs.		
H	Greffe, Lingerie, Guichet, Magasin.	Logement de l'Économe.		Caves.
I	1. Promenoir couvert.			
K	1. Pharmacie. 2. Cuisine. 3. Laboratoire. 4. Promenoir.	Greniers.		Boulangerie. Magasin.
L	1. Salle de Bains. Salle des Morts.			
M	Pavillon des Sœurs.			
N	Magasin de linge sale.			
O	Magasin de farine.			Buanderie, Magasin.
P	Lavoir couvert.			

Maison Centrale de force et de correction de Cadillac.

Cubage des habitations.

Désignation des habitations	Nombre de lits ou d'habitants	Longueur	Largeur	Superficie	Hauteur	Cube d'air	Cube d'air par individu	Observations
Dortoir N° 1	68	19.75	9.40	185.65	5.75	1,067.49	15.70	
N° 2	38	9.60	9.40	90.24	5.75	518.88	13.65	
N° 3	35	12.20	9.40	114.68	5.75	659.41	18.82	
N° 4	27	8.00	9.40	75.20	5.75	432.40	16.00	
N° 5	30	8.35	9.40	78.49	5.75	451.32	15.04	
N° 6	16	6.30	6.50	40.95	5.75	235.46	14.71	
N° 7	25	14.20	5.55	78.81	4.60	362.53	14.50	
N° 8	43	15.30	8.53	130.50	3.20	417.63	9.71	
N° 9	30	22.10	4.15	91.71	3.20	293.49	9.78	
N° 10	20	6.35	6.25	39.68	3.80	150.81	7.54	
N° 10 bis	25	9.35	8.00	74.80	2.80	209.44	8.37	
N° 10 bis	27	9.25	10.00	92.50	2.80	259.00	9.59	
Moyenne des Dortoirs	384					5,057.86	13.17	
Infirmeries.								
Ste Marie ...	13	12.25	9.50	116.37	5.90	686.61	52.81	
Ste Françoise ..	10	8.00	9.50	76.00	5.90	448.40	44.84	
Ste Anne	8	9.50	8.35	79.32	5.15	408.52	51.06	
Ste Véronique .	6	6.50	6.25	40.62	4.30	174.68	29.11	
Moyenne des Infirmeries	37					1,718.21	46.17	
Réfectoire N° 1 ...	335	19.20	8.35	169.92	4.35	739.15	2.20	
Réfectoire N° 2 ...	75	8.00	8.85	70.80	4.35	307.98	4.10	
Chapelle	384	19.90	9.50	189.05	5.90	1,115.40	2.90	
Atelier N° 1 ...	118	17.55	9.00	157.95	3.35	529.13	4.48	
N° 2 ...	120	15.30	8.53	130.50	3.30	430.68	3.58	
N° 3 ...	146	22.50	9.00	202.50	3.25	658.13	4.50	
Cellule N° 1 ...	1	2.45	2.45	6.00	2.40	14.41	14.41	
N° 2 ...	1	2.45	2.45	6.00	2.40	14.41	14.41	
N° 3 ...	1	2.45	2.45	6.00	3.00	18.01	18.01	
N° 4 ...	1	2.40	2.00	4.80	2.00	9.60	9.60	
N° 5 ...	1	3.00	2.20	6.60	3.00	19.80	19.80	

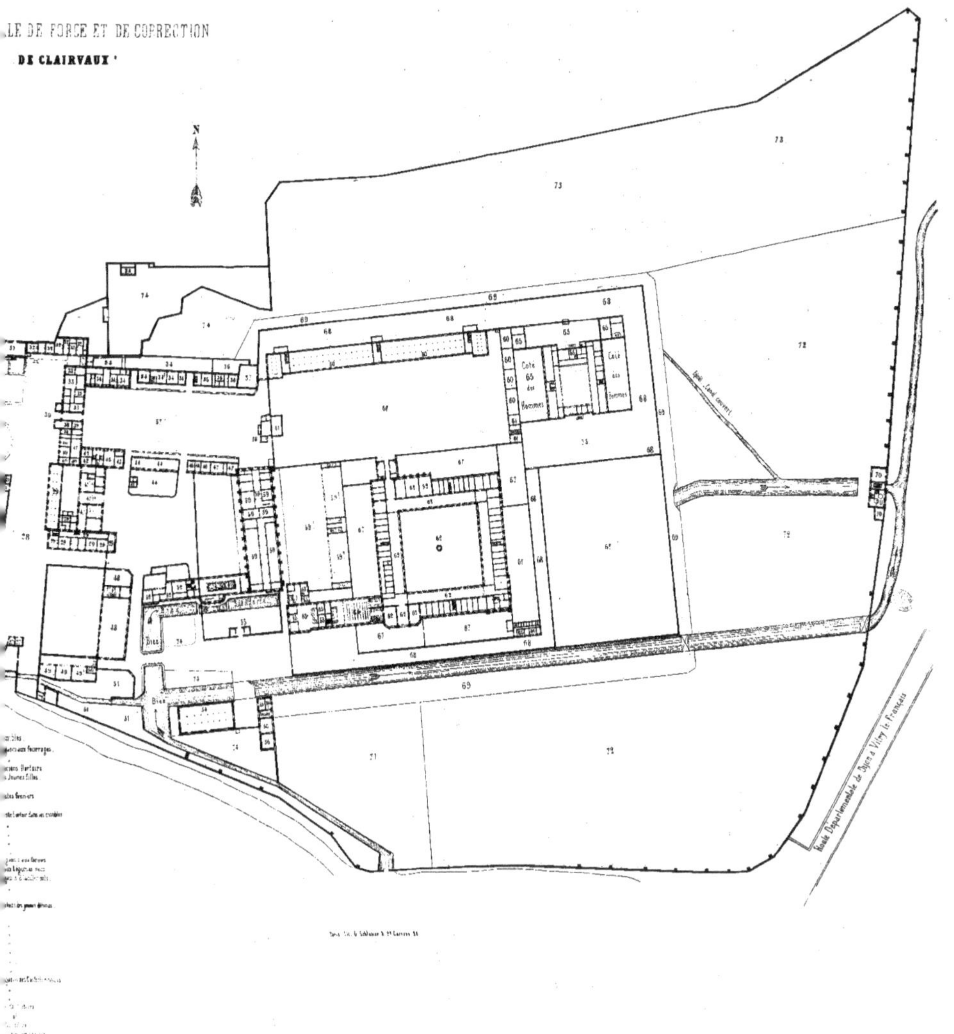

MAISON CENTRALE DE FORCE ET DE CORRE[CTION]
DE CLAIRVAUX

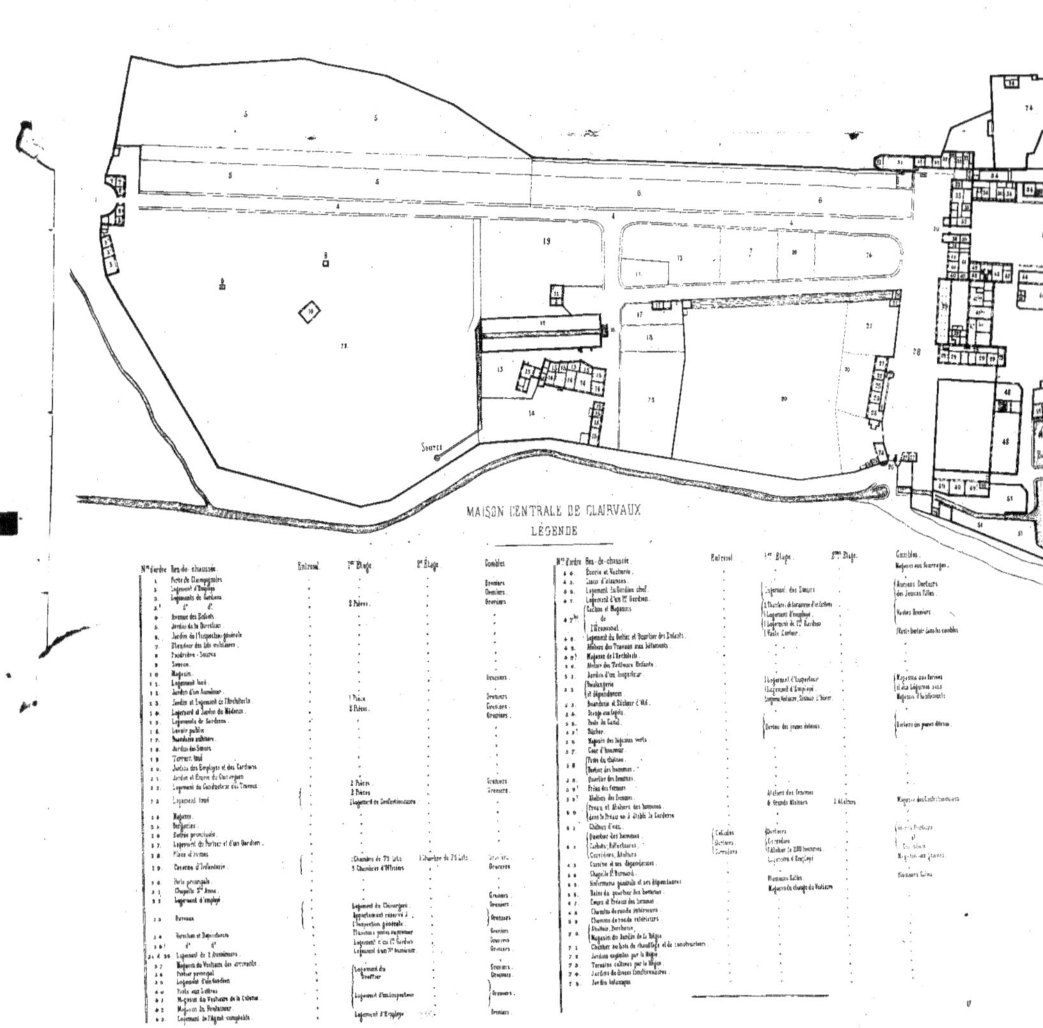

MAISON CENTRALE DE CLAIRVAUX
LÉGENDE

Maison Centrale de force et de correction de Clairv

Cubage des habitations.

Désignation des habitations.	Nombre de lits ou d'habitans.	Longueur.	Largeur.	Superficie	hauteur	Cube d'air par habitation	Cube d'air par Individu	Observations
Hommes.								
Dortoirs.								
Vieillards, Dort. 1 ..	15	9.00	5.00	45.00	3.50	157.50	10.50	
" 2 ..	21	14.00	5.00	70.00	3.00	210.00	10.00	
3 ..	17	9.00	6.00	54.00	3.50	189.00	11.12	
4 ..	10	6.65	5.00	33.25	3.50	116.37	11.63	
Quart. séparé. Dort. 1 ..	13	6.65	6.65	44.12	2.40	94.88	7.30	
2 ..	7	6.65	3.50	23.17	2.40	55.50	7.92	
3 ..	7	6.65	4.50	29.92	2.40	71.80	10.25	
4 ..	7	6.65	4.50	29.92	2.40	71.80	10.25	
2ᵉ Quartier. Dort. 1 ..	12	6.65	6.10	40.56	2.40	97.35	8.11	
3 ..	4	6.65	3.00	19.95	2.40	47.88	11.97	
Cachots. Dort. 5 ..	12	6.65	9.00	59.85	2.40	143.64	11.96	
7 ..	5	6.65	3.50	23.27	2.40	55.85	11.17	
8 ..	7	6.65	3.50	23.27	2.40	55.85	7.98	
8 bis ..	12	6.65	9.00	59.85	2.40	143.64	11.97	
9 ..	19	6.65	11.00	73.15	2.40	175.56	9.24	
10 ..	9	6.65	4.50	29.92	2.40	71.90	7.98	
11 ..	9	6.65	4.50	29.92	2.40	71.90	7.98	
13 ..	9	6.65	4.50	29.92	2.40	71.90	7.98	
15 ..	6	6.65	4.50	29.92	2.40	71.90	11.98	
17 ..	62	10.50	20.00	210.00	3.40	714.00	11.51	
20 ..	8	6.65	4.50	29.92	2.40	71.90	8.98	
22 ..	8	6.65	4.50	29.92	2.40	71.90	8.98	
23 ..	8	6.65	4.50	29.92	2.40	71.90	8.98	
24 ..	6	6.65	4.50	29.92	2.40	71.90	11.98	
15 ..	5	6.65	4.50	29.92	3.50	104.72	20.94	
25 bis ..	7	6.65	4.50	29.92	3.50	104.72	14.96	
25 ter ..	7	6.65	4.50	29.92	3.50	104.72	14.96	
26 ..	7	6.65	4.50	29.92	3.50	104.72	14.96	
26 bis ..	6	6.65	4.50	29.92	3.50	104.72	17.45	
28 ..	16	6.65	6.40	42.56	2.40	102.14	6.38	
à reporter.	341					3,601.56		

Clairvaux.

Cubage des habitations.

Désignation des habitations.	Nombre de lits ou d'habitans	Longueur.	Largeur.	Superficie.	Hauteur.	Cube d'air par habitation.	Cube d'air par Individu.	Observations.
Report	341					3,601.56		
Hommes. Dortoirs.								
28 bis	15	6.65	6.20	41.23	2.40	98.95	6.60	
28 ter	16	6.65	6.20	41.23	2.40	98.95	6.18	
29	9	6.65	5.00	33.25	2.40	79.80	8.86	
30	12	6.65	7.25	48.21	2.40	115.70	9.64	
31	13	6.65	7.25	48.21	2.40	115.70	8.90	
32	25	6.65	7.25	48.21	2.40	115.70	4.62	
33	23	6.65	11.00	73.15	2.40	175.56	7.63	
3e Quartier. Dort. 1	53	6.65	29.00	192.85	6.00	1,157.10	21.83	
2 bis	74	6.65	25.00	166.25	6.00	997.50	13.48	
3	70	6.65	25.00	166.25	6.00	997.50	14.25	
4	36	6.65	23.00	152.95	6.00	917.70	25.49	
4 bis	28	6.65	17.00	113.05	6.00	678.30	24.22	
5	63	6.65	37.00	246.05	6.00	1,476.30	23.43	
6	33	6.65	18.00	119.70	6.00	718.20	21.76	
6 bis	17	7.00	10.00	70.00	4.30	301.00	17.71	
6 ter	54	12.00	10.00	120.00	4.00	480.00	8.88	
7	21	6.65	11.00	73.15	6.00	438.90	20.90	
7 bis	64	11.00	20.00	220.00	4.50	990.00	15.46	
4e Quartier. Corridor	28	52.00	3.30	171.60	3.25	557.70	19.91	
1	57	21.00	11.00	231.00	3.25	750.75	13.17	
2	38	17.00	11.00	187.00	3.25	607.75	16.00	
3	31	16.00	11.00	176.00	3.25	572.00	18.45	
4	36	19.00	11.00	209.00	3.25	679.25	18.86	
5	50	20.00	11.00	220.00	3.25	715.00	14.30	
6	53	20.00	11.00	220.00	3.25	715.00	13.49	
7	52	19.00	11.00	209.00	3.25	679.25	13.06	
Corridor	44	52.00	3.30	171.60	3.23	557.70	12.67	
8	63	23.00	11.00	253.00	3.25	822.25	13.05	
9	50	21.00	11.00	231.00	3.25	750.75	15.01	
10	60	20.00	12.00	240.00	3.25	780.00	13.00	
Moyenne des Dortoirs	1,529					21,741.82	14.21	

Clairvaux.

Cubage des habitations.

Désignation des Habitations.	Nombre de lits ou d'habitants.	Longueur.	Largeur.	Superficie.	Hauteur.	Cube d'air par habitations.	Cube d'air par Individu.	Observations.
Ateliers								
Matelasserie	4	7.80	7.80	60.84	3.50	212.94	53.23	
Tailleurs	4	5.50	10.00	55.00	3.40	187.00	46.75	
Matelasserie	4	5.50	10.00	55.00	3.40	187.00	46.75	
Vannerie	3	2.80	5.50	15.40	3.00	46.20	15.40	
Saboterie	8	10.40	5.50	57.20	5.00	286.00	35.75	
Tonnelerie	1	4.00	5.50	22.00	3.00	66.00	66.00	
Chanvrière	7	6.50	5.50	35.75	5.00	178.75	25.53	
Teinturerie	2	13.00	5.50	71.50	5.00	357.50	178.75	
Scierie	3	6.00	5.50	33.00	3.00	99.00	33.00	
Scierie	1	8.00	5.50	44.00	3.00	132.00	132.00	
Tisserands	19	16.00	11.50	184.00	3.40	625.60	32.92	
Cordonnerie	35	16.00	11.50	184.00	3.50	644.00	18.40	
Boutons	47	16.00	11.50	184.00	3.20	588.80	12.52	
Divers	35	13.00	52.00	676.00	3.30	2,230.80	63.73	
Chaussonnerie	217	13.00	52.00	676.00	3.30	2,230.80	10.28	
Tisserands	13	16.00	11.50	184.00	3.40	625.60	48.12	
Saboterie	14	16.00	11.50	184.00	3.50	644.00	46.00	
Fournit. Bureau ...	21	16.00	11.50	184.00	3.20	588.80	19.62	
Bonneterie	61	13.00	52.00	676.00	3.50	2,366.00	38.78	
Divers		13.00	28.50	370.50	3.50	1,296.75		
Mètres	25	6.00	23.50	141.00	3.50	493.50	19.74	
Divers		6.00	23.50	141.00	3.50	493.50		
Femmes.								
Dortoirs								
1..	30	39.00	6.00	234.00	5.00	1,170.00	14.62	
2..	74	36.00	6.00	216.00	5.00	1,080.00	14.58	
3..	47	23.00	6.00	138.00	5.00	690.00	14.68	
4..	41	20.00	6.00	120.00	5.00	600.00	14.27	
à Reporter	242					3,540.00		

Clairvaux.

Cubâge des habitations.

Désignation des habitations	Nombre de lits ou d'habitans.	Longueur.	Largeur.	Superficie.	hauteur.	Cube d'air par habitation.	Cube d'air par individu.	Observations.
Report..	242					3,540.00		
Femmes. Dortoirs.								
5..	94	28.00	9.00	252.00	5.00	1,260.00	13.40	
6..	106	31.00	9.00	279.00	5.00	1,395.00	13.16	
7..	48	11.00	13.00	143.00	4.00	572.00	11.91	
Moyenne des Dortoirs.	490					6,767.00	13.31	
Ateliers.								
Vieilles......	191	32.00	10.50	336.00	2.95	991.20	5.18	
Couture fine.....	189	32.00	10.50	336.00	3.00	1,008.00	5.33	
Couture.......	130	32.00	10.50	336.00	3.00	1,008.00	7.75	
Jeunes-Filles.								
Dortoir ...1..	45	14.00	9.50	133.00	2.30	305.90	6.80	
2..	48	16.00	9.50	152.00	2.30	349.60	7.28	
Moyne des Dortoirs.	93					655.50	7.04	
Ateliers :								
Couture.....	45	11.00	15.00	165.00	3.40	561.00	12.46	
Réfectoire.....	130	16.00	10.50	168.00	2.95	495.60	3.81	
Ecole.......	130	16.00	10.50	168.00	2.95	495.60	3.31	
Jeunes Détenus.								
Dortoir .....1..	158	38.00	13.15	499.70	4.10	2,048.77	12.96	
2..	174	30.00	13.15	374.50	3.10	1,222.95	7.01	
3..	15	8.00	4.25	34.00	4.10	139.40	9.29	
4..	17	8.00	4.25	38.00	4.10	139.40	8.20	
Moyne des Dortoirs...	364					3,550.52	9.75	

Clairvaux.

Cubage des habitations.

Désignation des habitations.	Nombre de lits ou d'habitans.	Longueur.	Largeur.	Superficie.	Hauteur.	Cube d'air par habitation.	Cube d'air par individu.	Observations.
École	380	19.00	13.15	239.85	4.00	959.40	2.52	
Eplucheurs	30	6.60	7.80	51.48	3.00	154.44	5.14	
Sabotiers	16	6.60	7.80	51.48	3.00	154.44	9.65	
Menuisiers	11	9.00	11.00	99.00	3.70	366.30	33.30	
Serruriers	6	7.60	7.30	55.48	3.70	205.27	34.21	
Tailleurs	25	7.20	4.50	32.40	3.70	79.88	3.16	
Hopital.								
Militaires . . . 1 . .	3	3.00	9.00	27.00	3.40	91.80	30.60	
2 . .	11	5.60	10.00	56.00	3.60	201.60	18.32	
hommes . . . 0 . .	17	5.60	15.00	84.00	3.60	302.40	17.78	
1 . .	25	5.60	21.00	117.60	3.60	423.36	16.93	
2 . .	18	5.60	17.00	95.20	3.80	361.76	20.10	
3 . .	14	5.60	11.50	64.40	3.80	244.72	17.48	
3 bis.	3	5.60	10.50	58.80	3.80	223.44	74.48	
4 . .	20	8.60	17.00	146.20	2.65	387.43	19.37	
5 . .	24	8.60	21.00	180.60	2.65	478.59	19.94	
Galeux . .	8	6.25	5.60	34.40	3.60	123.84	15.48	
Femmes . . . . . 9 . .	18	5.60	15.00	84.00	3.80	319.20	17.73	
10 . .	6	5.60	5.30	29.68	3.80	112.78	18.77	
10 bis.	10	5.60	12.00	67.20	3.80	255.36	25.53	
10 ter.	8	5.60	5.60	31.36	3.80	119.16	14.89	
8 . .	24	8.60	15.20	130.72	2.65	346.40	14.22	
7 . .	28	8.60	21.00	180.60	2.65	478.60	17.09	
Cuisin . . 7 . .	4	6.00	4.00	24.00	2.65	63.60	15.90	
6 . .	21	8.60	17.00	146.20	2.65	387.43	18.45	
Moyenne des Dortoirs .	262					4,921.47	18.78	
Chapelle St Bernard		37.20	8.50	316.20	13.70	4,331.94		
Cellules (2e quartier au Cachots) . 2 . .	1	6.65	3.00	19.95	2.40	47.88	47.88	
Cachots . . 6 . .	1	6.65	3.50	23.27	2.40	55.85	55.85	
Cachots . . 3 . .	1	2.00	3.30	6.60	2.40	15.84	15.84	

MAISON CENTRALE

DE FORCE ET DE CORRECTION

DE

CLERMONT

(Oise)

MAISON CENTRALE DE CLERMONT
LÉGENDE.

		Rez de chaussée	1er étage
I	Loge du portier consigne		
II	Pavill: Administration	1 Vestibule	Logement de l'Inspecteur
		2 Greffe	
		3 Cabinet du Directeur	
		4 Latrines fosses	au dessus grenier
		5 Archives	et mansardes
		6 Cabinet de l'Inspecteur	
III	Pavillon Comptable Aumônier, gardien chef	1 Vestibule à coucher amb.le	1er étage
		2 Grande chambre	Logement de l'Aumônier
		3 Cabinet	
		4 Salon	Mansardes
		5 Latrines sur fosse	
		6 Cuisine	1er Gardien
		7 Salle à manger	
IV	Pavillon Directeur	1 Vestib. & Antichambre l.le	
		2 Cuisine	Logement
		3 Cabinet	du
		4 Salon	Directeur
		5 Office	
		6 Salle à manger	
		7 Bûcher	

		Rez-de-chaussée	1er étage	2e étage
V	Pavillon Sœurs	1 Vestibules et antich.	Logement	
		2 Salon	des	
		3 Parloir	Sœurs	
		4 Office		
		5 Réfectoire		
		6 Cuisine		
		7 Lavoir		
		8 Dépôt		
		9 Buanderie		
		10 Latrines sur fosses		
VI	Annexe de la Geôle	1 Guichet	1er étage	2e étage
		2 Geôle d'attente	Lingerie	Lingerie
		3 Corps de garde		
		4 Passage au Parloir	Atelier	Magasin
		5 Latrines sur fosses		
		6 Dépôt de gardiens		
		7 Escalier		Matelasserie
		8 Dépôt marchandises		
		9 Dépôt hardes des morts		
		10 Passage de communication		

		Rez de chaussée	étages
VII	Vieux Chateau	1 Vestibules et couloirs	1er Étage : 1 Dortoir et cellule de sœur
		2 Cabinet de sœur	2e étage : 1 Dortoir et cellule
		3 8 loges de repression et 8 à l'entresol	3e étage : 1 Dortoir et cellule
		4 Dépôt de couvertures &c	4e étage : 1 Dortoir et cellule
			5e étage : 1 Dortoir et cellule

		Rez de chaussée	1er étage	2e étage
VIII	Appenti du service de la Broderie	1 Passage	Atelier des vieilles	mansarde
		2 Réfectoire vieilles		1 Dortoir de vieilles
		3 Passage au Puits		
		4 Lampes		
IX	Bâtiment A	1 Passage	1er étage Atelier	2e étage Dortoir
		2 Réfectoire		
X	Bâtiment B	1 Passage	Atelier	Dortoir
		2 Réfectoire		
		3 Parloir		
		4 Passage		
XI	Bâtiment transversal	1 Cuisine et dépendances	Atelier	Dortoir
		2 Cabinet de la Supérieure		
		3 Promenoir couvert	Tribune Grand couloir Prétoire	Dortoir Terrasse sur le devant
		4 Péristyle		
		5 Atelier	Atelier	Dortoir
XII	Chapelle	Chapelle	2 Dortoirs s/couloir	
XIII	Infirmerie	1 Salle de bains & dépendances	2 Salles séparées par l'escalier et d'un côté chambres de 2 sœurs et de l'autre dépôt de rosterie	2 Salles plus à l'extrémité Salle d'accouchem.t
		1' Salle de pansements		
		2 Salle des Infirmes		
		3 Porche et Passages		
		4 Latrines		
		5 Cabinet des sœurs		
		6 Laboratoire		
		7 Cabinet du Pharmacien		
		8 Pharmacie		
		9 Cabinet du Médecin		

MAISON CENTRALE DE FORCE ET DE CORRECTION
DE CLERMONT.

Suite de la Légende

XIV	Salle des morts
XV	Manutention
XVI	Magasins
XVII	Etables
a	Chemin de ronde
b	Puisards
c	Puits

La Citerne est construite en pierre et ciment et située dans le bâtiment A au dessous de l'atelier 5

Maison Centrale de force et de correction de Clermont.

Cubage des habitations

Désignation des habitations.	Nombre de lits ou d'habitants	Longueur.	Largeur.	Superficie.	hauteur.	Cube d'air.	Cube d'air par Individu.	Observations.
Dortoir auxiliaire.	"	24.00	5.00	120.00	4.40	528.00		
Dortoir No. 1...	98	32.95	6.95	229.00	3.50	629.75	7.32	717.50
		22.50	1.30	29.25	3.00	87.75		
Dortoir No. 2...	79	28.43	6.88	195.60	3.50	537.90	7.42	586.65
		12.50	1.30	16.25	3.00	48.75		
No. 3...	52	27.85	5.15	143.43	2.36	338.39	6.50	
No. 4...	30	8.16	4.38	74.76	4.30	321.47	10.71	
No. 5...	47	25.90	5.15	133.39	2.36	314.80	6.69	
No. 6...	73	26.65	6.75	179.89	3.40	476.50	7.26	530.10
		13.75	1.30	17.88	3.00	53.60		
No. 7...	94	32.95	6.95	229.00	3.50	629.67	7.63	717.42
		22.50	1.30	29.25	3.00	87.75		
No. 8...	92	18.40	11.05	203.32	2.37	481.87	5.92	545.21
		4.35	3.75	16.31	2.37	37.84		
		10.00	1.00	10.00	2.55	25.50		
Nos 9 et 10...	91	17.60	13.40	235.84	2.90	683.94	8.48	772.11
		17.50	1.57	27.53	3.25	88.17		
No. 11...	96	17.60	13.40	235.84	3.40	811.86	9.38	901.36
		17.00	1.35	22.95	3.90	89.50		
No. 12...	100	17.35	12.95	224.68	4.00	898.72	9.93	993.49
		18.00	1.35	24.30	3.90	94.77		
No. 13...	88	16.45	13.20	217.24	4.30	934.13	11.63	1,023.63
		17.00	1.35	22.95	3.90	89.50		
des vieilles femmes...	23	10.20	4.70	47.94	2.00	95.98	6.49	149.33
		10.30	1.30	14.04	3.80	53.35		
Moyenne des Dortoirs	963					8,439.46	8.76	
Cellule...	1	2.80	2.40	6.72	2.50	16.80	26.80	26.80
		2.00	2.00	4.00	2.50	10.00		

Suite du Cubage des habitations.

Désignation des habitations	Nombre de lits ou d'habitants	Longueur	Largeur	Superficie	Hauteur	Cube d'air	Cube d'air par Individu	Observations
Salle des Infirmes..	14	10.10	7.50	75.75	2.75	208.31	14.87	
Infirmerie N° 1...	14	14.15	7.15	101.17	2.52	254.95	18.21	
N° 2...	14	14.15	7.15	101.17	2.52	254.95	18.21	
N° 3...	14	17.70	7.15	126.56	2.40	303.74 }	25.41	355.74
		16.00	1.30	26.80	2.50	52.00 }		
N° 4...	14	17.70	7.15	126.56	2.40	303.74 }	25.41	355.74
		16.00	1.30	26.80	2.50	52.00 }		
Moyenne des Infirmeries	70					1,429.69	20.42	
Dortoir Bât. A....	555	36.65	7.95	291.37	5.15	1,500.56	2.70	
Dortoir Bât. B....	419	32.65	7.90	257.94	5.15	1,328.37	3.17	
Dortoir des vieilles femmes	99	4.50	3.00	14.50	2.35	34.08 }	0.93	92.61
		8.20	3.00	24.60	2.35	57.81 }		
Dortoir N° 1...	219	36.65	7.95	291.37	4.40	1,282.03	5.85	
N° 2...	161	23.15	7.90	182.89	4.40	804.72	4.99	
N° 3...	114	21.45	7.95	171.53	4.40	750.33	6.58	
N° 4...	281	36.65	7.95	291.37	4.40	1,282.03	4.56	
N° 5...	165	23.15	7.85	180.55	5.15	929.83	5.63	
Dortoir des vieilles.	99	16.20	6.20	100.44	3.60	361.58	3.65	
D° des matelassières.	5	8.00	7.00	56.00	3.60	201.60	40.32	
École côté gauche de la Chapelle..	70	24.00	5.00	120.00	4.40	528.00	7.54	

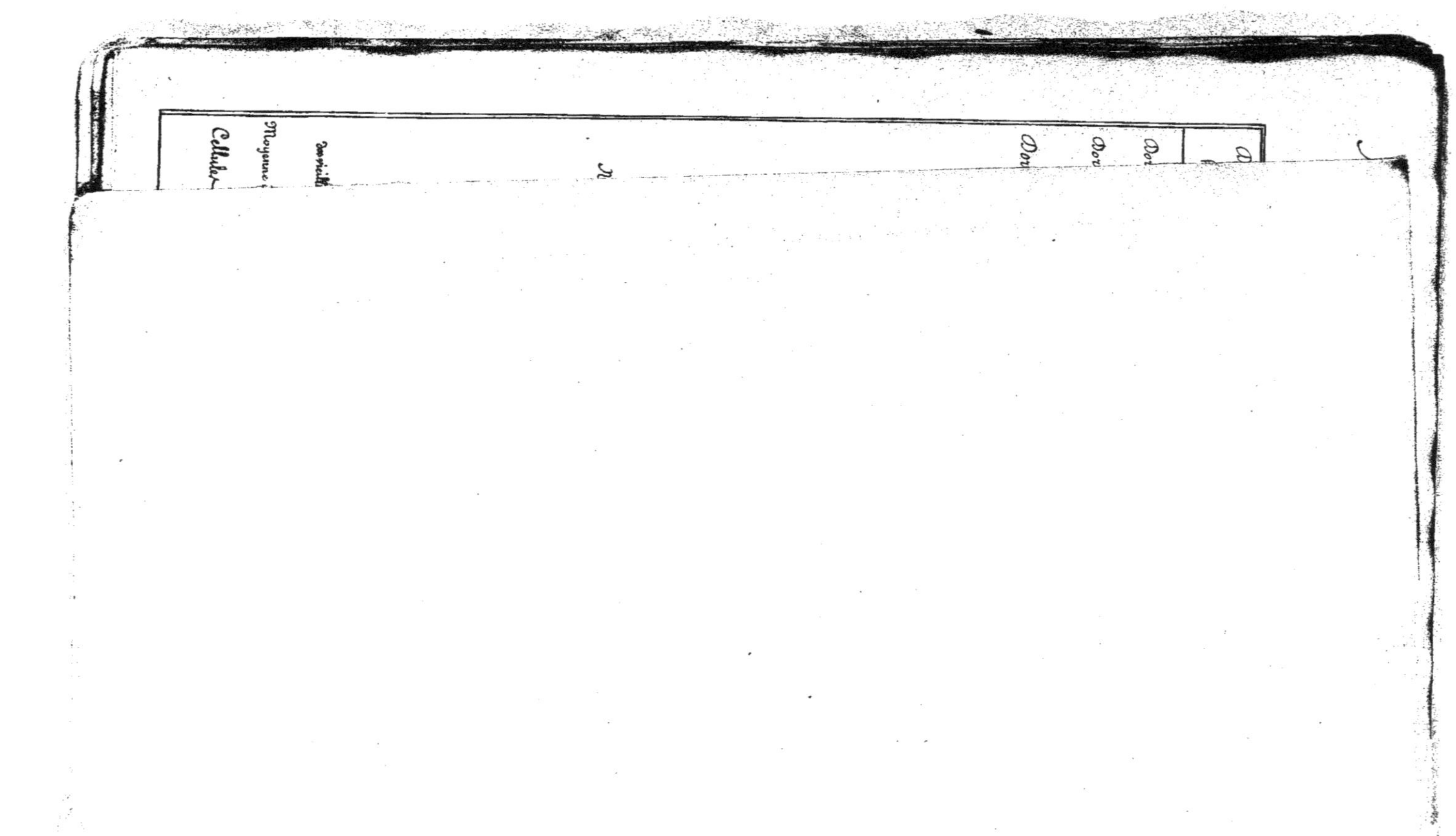

MAISON CENTRALE

DE FORCE ET DE CORRECTION

DE

DOULLENS

(Somme)

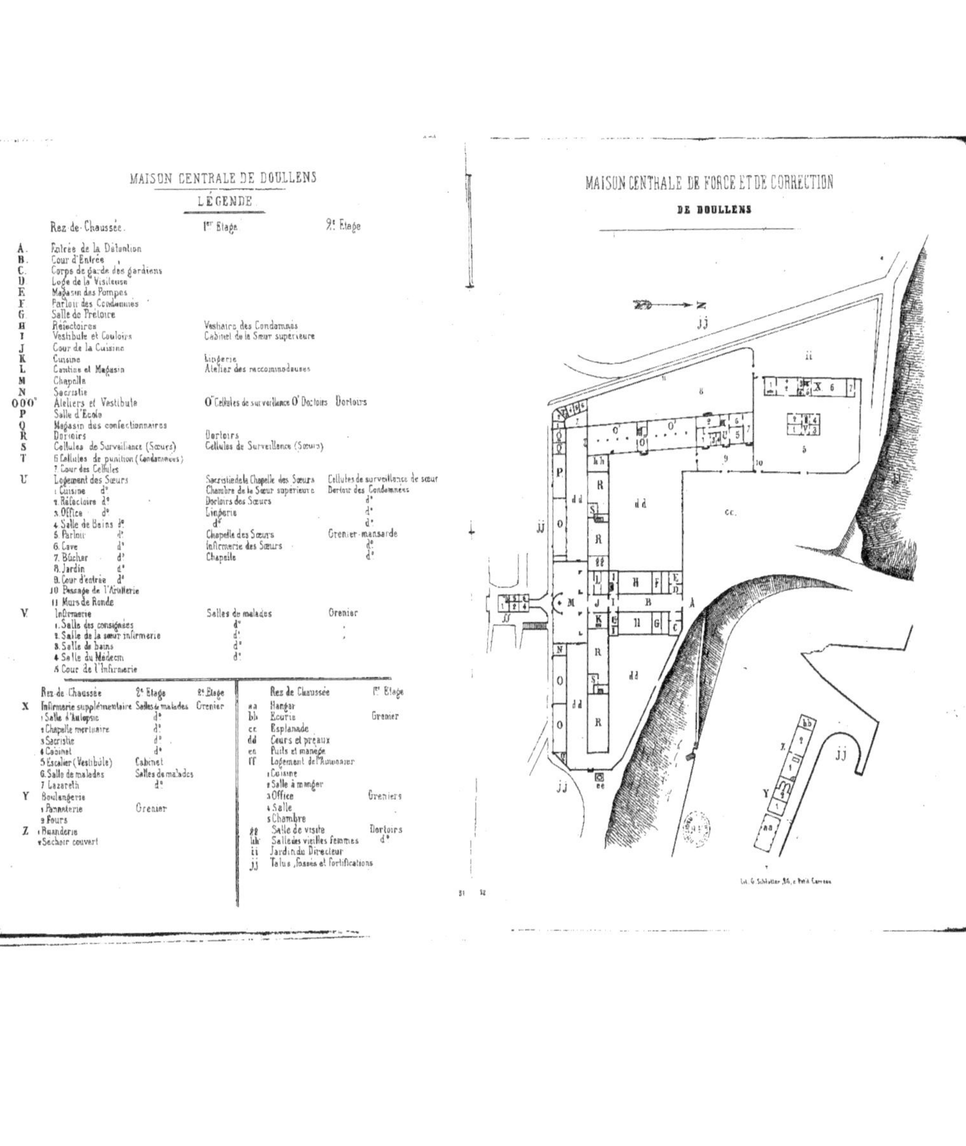

MAISON CENTRALE DE DOULLENS

LÉGENDE

	Rez-de-Chaussée	1er Étage	2e Étage
A.	Entrée de la Détention		
B.	Cour d'Entrée		
C.	Corps de garde des gardiens		
D.	Loge de la Visiteuse		
E.	Magasin des Pompes		
F.	Parloir des Condamnées		
G.	Salle de Prétoire		
H.	Réfectoires	Vestiaire des Condamnées	
I.	Vestibule et Couloirs	Cabinet de la Sœur supérieure	
J.	Cour de la Cuisine		
K.	Cuisine	Lingerie	
L.	Cantine et Magasin	Atelier des raccommodeuses	
M.	Chapelle		
N.	Sacristie		
O O O"	Ateliers et Vestibule	O' Cellules de surveillance O' Dortoirs	Dortoirs
P.	Salle d'École		
Q.	Magasin des confectionnaires		
R.	Dortoirs	Dortoirs	
S.	Cellules de Surveillance (Sœurs)	Cellules de Surveillance (Sœurs)	
T.	6 Cellules de punition (Condamnées)		
	7 Cour des Cellules		
U.	Logement des Sœurs	Sacristie de la Chapelle des Sœurs	Cellules de surveillance de sœur
	1 Cuisine d°	Chambre de la Sœur supérieure	Dortoir des Condamnées
	2 Réfectoire d°	Dortoirs des Sœurs	d°
	3 Office d°	Lingerie	d°
	4 Salle de Bains d°	d°	d°
	5 Parloir d°	Chapelle des Sœurs	Grenier-mansarde
	6 Cave d°	Infirmerie des Sœurs	d°
	7 Bûcher d°	Chapelle	d°
	8 Jardin d°		
	9 Cour d'entrée d°		
	10 Passage de l'Artillerie		
	11 Murs de Ronde		
V.	Infirmerie	Salles de malades	Grenier
	1 Salle des consignées	d°	
	2 Salle de la sœur infirmerie	d°	
	3 Salle de bains	d°	
	4 Salle du Médecin	d°	
	5 Cour de l'Infirmerie		

	Rez-de-Chaussée	2e Étage	2e Étage
X	Infirmerie supplémentaire	Salles de malades	Grenier
	1 Salle d'autopsie	d°	
	2 Chapelle mortuaire	d°	
	3 Sacristie	d°	
	4 Cabinet	d°	
	5 Escalier (Vestibule)	Cabinet	
	6 Salle de malades	Salles de malades	
	7 Lazareth	d°	
Y	Boulangerie		
	1 Panneterie	Grenier	
	2 Fours		
Z	1 Buanderie		
	2 Séchoir couvert		

	Rez-de-Chaussée	1er Étage
aa	Hangar	
bb	Écurie	Grenier
cc	Esplanade	
dd	Cours et préaux	
ee	Puits et manège	
ff	Logement de l'Aumônier	
	1 Cuisine	
	2 Salle à manger	
	3 Office	Greniers
	4 Salle	
	5 Chambre	
gg	Salle de visite	Dortoirs
hh	Salle des vieilles femmes	d°
ii	Jardin du Directeur	
jj	Talus, fossés et fortifications	

Maison Centrale de Doullens.

Cubage des Habitations

Désignation des Locaux. 1.	Nombre de lits ou d'Individus (1) 2.	Longueur. 3.	Largeur. 4.	Superficie. 5.	Hauteur. 6.	Cube d'. 7.	Cube d'air par individu. 8.	Observations.
Bâtiment Neuf.								
1er. Étage.								
Dortoir de droite.	50	16.50	9.10	150.15	3.65	548.04	10.96	
Dortoir de gauche.	50	16.50	9.10	150.15	3.65	548.04	10.96	
2e. Étage.								
Grand Dortoir.	145	45.00	9.10	409.50	2.50	1,013.75	6.98	
Quartier droit.								
Rez-de-chaussé.								
Dortoir No. 1.	20	12.20	5.80	70.76	2.45	173.36	8.66	
do. No. 2.	20	12.20	5.80	70.76	2.45	173.36	8.66	
1er. Étage.								
Dortoir No. 1.	25	18.65	5.80	108.17	2.65	286.65	11.46	
do. No. 2.	20	12.20	5.80	70.76	2.65	187.51	9.37	
Quartier des Vieilles Femmes.								
Dortoir.	10	6.45	5.80	37.41	2.65	91.65	9.16	
Quartier gauche.								
Rez-de-Chaussée.								
Dortoir No. 1.	40	19.00	5.80	110.20	2.45	269.99	6.74	
do. No. 2.	40	19.30	5.80	111.94	2.45	274.25	6.85	
Étage.								
Dortoir No. 1.	40	19.00	5.80	110.20	2.65	292.03	7.30	
do. No. 2.	40	19.30	5.80	111.94	2.65	296.64	7.41	
Moyenne des Dortoirs.	500					4,155.27	8.31	
Infirmerie.								
Étage.								
Salle unique.	20	12.50	5.00	62.50	3.40	212.50	10.62	
à reporter.	20					212.50		

(1) Les indications contenues dans les colonnes Nos. 2 à 8 du tableau ci-dessus sont calculées d'après l'Effectif présumé des détenus qui seront placés dans chaque localité. La Maison étant encore en construction à la date du présent travail, 25 avril 1856.

Doullens.

Cubage des Habitations

Désignation des Locaux.	Nombre de lits ou d'individus.	Longueur.	Largeur.	Superficie.	Hauteur.	Cube d'air.	Cube d'air par Individu.	Observations.
Repos	20					212.50		
Infirmerie Supplem.^{re}								
Rez-de-Chaussée.								
Salle unique	19	11.00	5.55	61.60	3.40	209.44	11.02	
1.er Étage.								
Salle N.º 1	20	11.58	5.55	63.74	3.40	212.74	10.63	
Salle N.º 2	26	14.60	5.55	81.03	3.40	275.50	10.59	
Moy.^{ne} des Infirmeries ...	85					910.18	10.70	
Réfectoire de droite ...	135	11.00	6.60	72.60	3.90	283.14	2.09	
d.º de gauche ..	135	11.00	6.60	72.60	3.90	283.14	2.09	
Moyenne des réfectoires	270					566.28	2.09	
Chapelle des Condamnés .	750	27.00	8.05	217.35	5.80	1,826.63	2.43	
		14.00	4.00	56.00	3.50			
		5.50	4.00	22.00	5.80			
		6.00	4.00	24.00	3.50			
Lazarets	11	5.55	3.00	16.65	3.30	54.94	4.99	
École	40	12.74	4.00	50.96	3.10	157.97	3.94	
Ateliers.								
Atelier de droite ...	40	20.25	4.00	81.00	3.10	251.10	6.28	
d.º de gauche, N.º 1 ..	36	18.00	4.00	72.00	3.60	259.20	7.20	
d.º de gauche, N.º 2 ..	30	15.00	4.00	60.00	3.60	216.00	7.20	
Bâtiment Neuf.								
Atelier de droite ...	200	16.50	9.10	150.15	3.65	548.04	2.74	
Atelier de gauche ..	200	16.50	9.10	150.15	3.65	548.04	2.74	
Moyenne des Ateliers	506					1,822.38	3.60	
Atelier de Couture ...	15	7.00	4.00	28.00	3.10	86.80	5.78	
d.º des Vieilles femmes.	18	6.45	5.80	37.41	2.45	91.63	5.09	

MAISON CENTRALE

DE FORCE ET DE CORRECTION

D'EMBRUN.

(Hautes-Alpes.)

MAISON CENTRALE D'EMBRUN.

LÉGENDE.

	Rez-de-Chaussée	1er Étage	2ème Étage	3ème Étage
A. 1 Entrée				
2 Économat				
3 Bureau du Teneur de Livres	Logement		Dortoir 19.	Cellules
4 d° des Écrivains	du			
4bis d° de l'Entrepreneur des Travaux.	Gardien-Chef.			
5 Logement du Concierge.				
B. 1 Magasin à matériaux				
2 Bureau du Gardien-chef.	Dortoir N° 1.		Dortoir, N° 2.	Dortoir, N° 3.
2bis Parloir.				
3 Corps de garde des Gardiens.				
C. 1 Magasin à farine.	Logement			Dortoir N° 18.
2 Cabinet du Directeur	de l'Inspecteur général		Soierie, N° 2.	
3 d° de l'Inspecteur.	à			Soierie N° 3.
4 Greffe.	l'Entresol.			
D. 1 Galerie du Réfectoire	Épluchage de coton.			
2 Forge et Serrurerie.				
3 Menuiserie.	École.		Dortoir, N° 4.	Dortoir, N° 5.
4 Cantine.				
4bis Cuisine.	Magasin (Ancienne Cantine.)			
5 Tissage de la Régie.	Tailleurs (Régie)		Soierie, N° 2.	Dortoir, N° 10.
E. 1 Galerie du Réfectoire.	Épluchage de coton.			
2 Magasin à charbon.	Menuisiers		Dortoir N° 6.	Combles servant de Magasin à laine.
3 Terre-plein.				
F. 1 Galerie du Réfectoire.	Épluchage de coton.			
2 Terre-plein sous les Ateliers.	Tissage de toile	Dortoirs 7,8,9,10,11,12,13. Dortoirs 15, 16.		
G. 1 Galerie du Réfectoire.	Épluchage de coton.			
2 Buanderie.	Séchoir.			Combles
3 Lingerie et Vestiaire.			Dortoir, N° 18.	occupés par les
4 Entrepôt de Matelas et Paillasses.	Soierie, N° 4.			Cordonniers.
H. 1 Terre-plein sous l'Infirmerie.	Salle St Roch.		Salle St Joseph.	Vestiaire des Arrivants.
I. 1 Cabinet de visite.			Continuation	
2 Cuisine.	Salle		de la Salle	Combles.
3 Laboratoire.	St Pierre.		St Joseph.	
4 Pharmacie.				
5 Salle des Morts au dessous de la Pharmacie et non sur le même plan.				
K. 1 Corps de garde des Gardiens.				
2 Cellules (il y en a 5.)	6 Cellules.		Combles.	
L. 1 Chapelle				
2 Sacristie.				
M. 1 Filature.	Soierie N° 1.			
2 d°				
3 Boulangerie.				
N. 1 Bassin.				
2 Magasin de linge sale.				
3 d° à frisons.				
O. 1 Magasin aux pompes.				
2 Bains.				
3 Magasin à planches.				
P. Cour de l'administration				
Q. Préaux.				

MAISON CENTRALE
DE FORCE ET DE CORRECTION
D'EMBRUN.

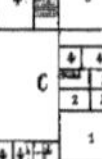
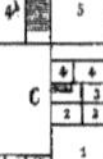
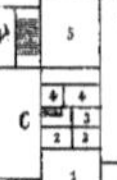
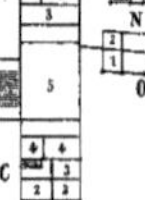
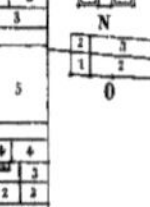

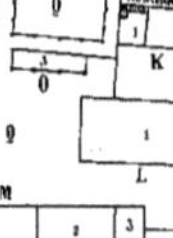

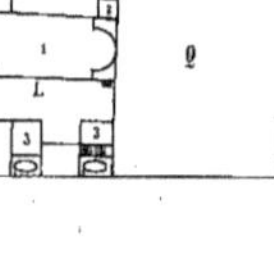

Cubage des habitations.

Désignation des habitations.	Nombre de lits ou d'hab.ᵗ	Longueur.	Largeur.	Superficie	Hauteur	Cube d'air.	Cube d'air par Individu.	Observations.
Dortoir N.° 1...	55	18ᵐ.10	8ᵐ.50	153ᵐ.85	3ᵐ.10	476ᵐ.93	8ᵐ.67	
N.° 2...	50	18.10	7.25	131.23	3.30	393.67	7.87	
N.° 3...	38	13.70	7.25	99.32	3.30	327.77	8.62	
N.° 4...	88	27.50	8.90	244.75	3.25	795.44	9.03	
N.° 5...	54	27.50	5.00	137.50	2.50	343.75	6.36	
N.° 6...	95	32.00	7.20	230.40	3.30	760.32	8.00	
N.° 7...	25	8.70	7.10	61.77	3.75	231.64	9.26	
N.° 8...	23	8.70	6.70	58.29	3.75	218.59	9.50	
N.° 9...	24	8.70	6.30	54.81	3.75	205.54	8.56	
N.° 10...	22	8.70	5.80	50.46	3.75	189.22	8.59	
N.° 11...	16	8.70	4.50	39.15	3.75	146.81	9.17	
N.° 12...	18	8.70	4.80	41.76	3.30	137.81	7.65	
N.° 13...	35	22.30	4.20	93.66	3.00	280.98	8.02	
N.° 14...	11	5.50	5.00	27.50	4.80	132.00	12.00	
N.° 15...	67	20.00	8.40	168.00	4.50	756.00	11.29	
N.° 16...	35	10.00	8.50	85.00	4.80	308.00	8.80	
N.° 17...	78	28.00	6.50	182.00	2.40	436.80	5.60	
N.° 18...	120	38.50	8.40	323.40	3.20	1,034.88	8.62	
N.° 19...	(formé par l'atelier des Tailleurs N.° 2 dont le cubage ci contre.)							
Moyenne des Dortoirs	854					7,176.15	8.40	
Infirmerie.								
Salle S.t Pierre...	20	27.80	5.00	139.00	3.20	444.80	22.24	
Salle S.t Roch...	16	11.80	6.40	75.52	3.20	241.66	15.10	
Salle S.t Joseph...	36	44.20	6.20	274.04	3.10	849.52	23.60	
Moyenne des Infirmeries.	72					1,535.98	21.33	
Chapelle......	875	23.00	9.80	225.40	8.80	1,983.52	2.26	
Ecolle........	95	20.50	8.30	170.15	4.50	765.67	8.06	
Réfectoire......	875	125.00	5.00	525.00	3.90	2,437.50	2.78	
Cellules de travail.								
N.° 2.3.4....	1	3.60	1.85	6.66	3.15	20.98	20.98	
N.° 7.8.9....	1	4.00	1.88	7.52	3.10	23.31	23.31	
N.° 1........	1	3.60	2.70	9.72	3.15	30.62	30.62	
N.° 5........	1	3.60	2.85	10.26	3.15	32.32	32.32	
N.° 10........	1	4.00	3.10	12.40	3.10	38.44	38.44	
N.° 6........	1	4.00	3.20	12.80	3.10	39.68	39.68	
N.° 11........	1	4.25	3.95	16.78	2.85	47.84	47.84	

Suite du Cubage des habitations.

Désignation des habitations.	Nombre de lits ou d'habitants.	Longueur.	Largeur.	Superficie.	Hauteur.	Cube d'air.	Cube d'air par Individu.	Observations.
Cellules de Punition.								
N.° 1.2.14.15.	1	2.28	1.25	2.85	2.60	7.41	7.41	
N.° 5.11.	1	2.85	1.25	3.56	2.60	9.26	9.26	
N.° 4.12.	1	2.90	1.25	3.62	2.60	9.43	9.43	
N.° 3.13.	1	3.00	1.25	3.75	2.60	9.75	9.75	
N.° 8	1	2.40	2.70	6.48	2.60	16.85	16.85	
N.° 7.9	1	2.55	2.70	6.89	2.60	17.90	17.90	
N.° 6.10	1	2.75	2.70	7.43	2.60	19.30	19.30	
Ateliers								
Cardage de frisons. . .	125	41.00	8.00	328.00	3.25	1,066.00	8.40	
Filature mécanique. .	30	41.00	8.00	328.00	5.30	1,738.40	57.94	
Soieries. { N.° 1. . .	62	41.00	8.40	344.40	4.10	1,412.04	22.77	
N.° 2. . .	48	34.00	8.00	272.00	4.10	1,115.20	23.23	
N.° 3. . .	60	41.00	8.60	352.60	3.20	1,128.32	18.80	
N.° 4. . .	40	41.00	9.00	369.00	3.00	1,107.00	27.67	
Cannetage.	20	16.00	8.20	131.20	3.20	419.84	20.99	
Cordonnerie. . . .	80	33.00	6.00	198.00	2.30	455.40	5.70	
Tailleurs { N.° 1. . .	20	12.00	7.70	92.40	2.80	258.72	12.93	
N.° 2. . .	26	16.40	4.00	65.60	3.00	196.80	7.56	Forme aujourd'hui le Dortoir N.° 19.
Forge.	4	8.20	6.00	49.20	4.00	196.80	49.20	
Menuiserie.	8	8.20	7.00	57.40	4.00	229.60	28.70	
Eplucheurs de légumes.	10	5.80	4.00	23.20	3.80	88.16	8.81	
Drapiers.	6	9.00	6.40	57.60	4.90	282.24	47.04	
Toilerie { N.° 1. . .	20	15.70	9.00	141.30	5.10	720.63	36.03	
N.° 2. . .	3	9.00	4.00	36.00	4.30	154.80	51.60	
N.° 3. . .	12	10.00	9.00	90.00	4.00	360.00	36.00	
N.° 4. . .	10	10.00	6.80	68.00	4.00	272.00	27.20	
N.° 5. . .	10	10.00	7.00	70.00	4.00	280.00	28.00	
Cordage de fil. . . .	3	9.00	8.00	72.00	4.90	352.80	117.60	
Fileurs de Chanvre.	12	10.00	6.20	62.00	4.00	248.00	24.80	
Peigneurs. d.° . .	7	6.40	4.30	27.52	4.00	110.08	15.72	
Eplucheurs. . .	200	90.00	5.00	450.00	2.30	1,035.00	5.17	

MAISON CENTRALE

DE FORCE ET DE CORRECTION

D'ENSISHEIM

(Haut Rhin)

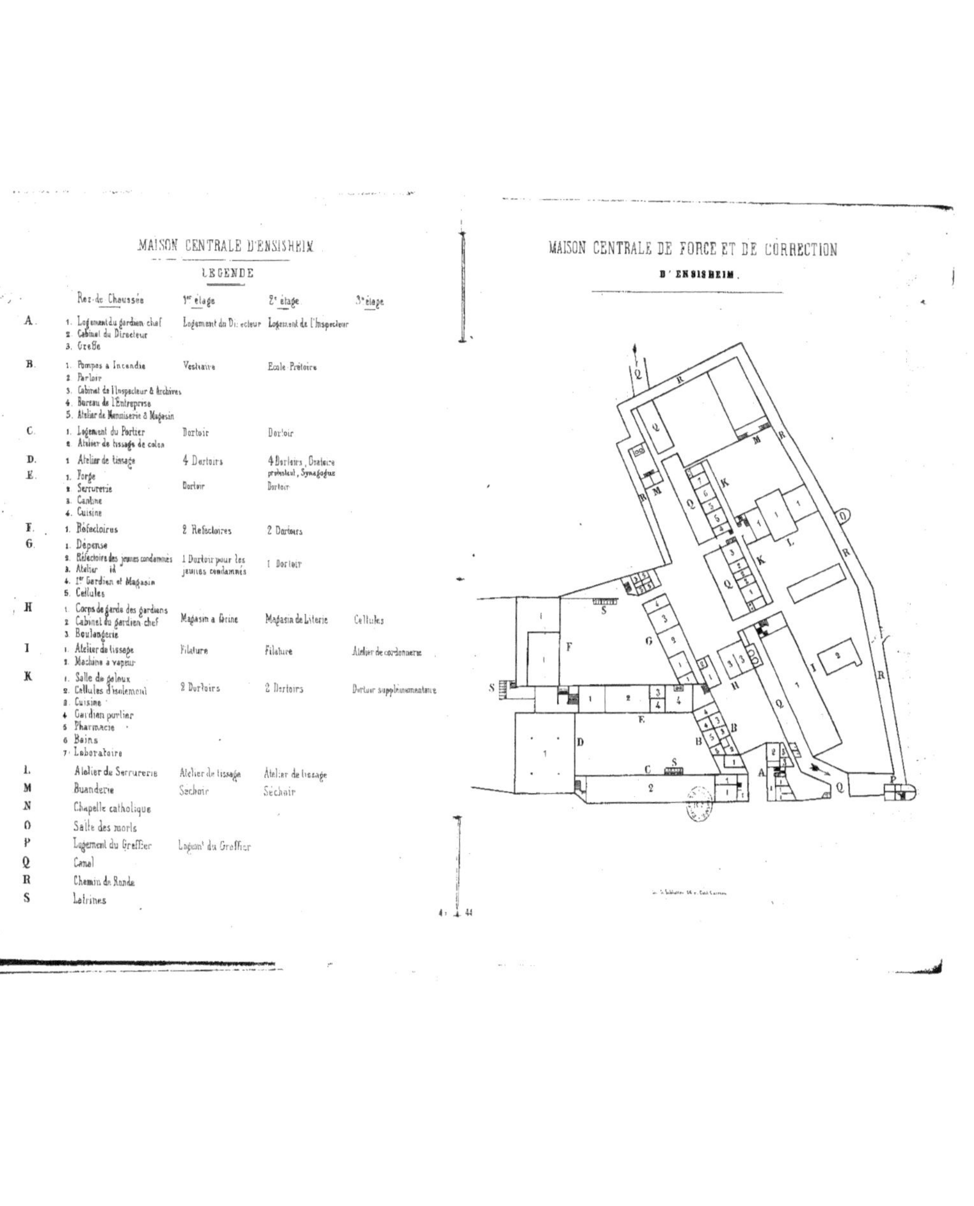

MAISON CENTRALE D'ENSISHEIM

LÉGENDE

	Rez-de-Chaussée	1er étage	2e étage	3e étage
A.	1. Logement du gardien chef	Logement du Directeur	Logement de l'Inspecteur	
	2. Cabinet du Directeur			
	3. Greffe			
B.	1. Pompes à Incendie	Vestiaire	École-Prétoire	
	2. Parloir			
	3. Cabinet de l'Inspecteur & Archives			
	4. Bureau de l'Entreprise			
	5. Atelier de Menuiserie & Magasin			
C.	1. Logement du Portier	Dortoir	Dortoir	
	2. Atelier de tissage de coton			
D.	1. Atelier de tissage	4 Dortoirs	4 Dortoirs, Oratoire protestant, Synagogue	
E.	1. Forge			
	2. Serrurerie	Dortoir	Dortoir	
	3. Cantine			
	4. Cuisine			
F.	1. Réfectoires	2 Réfectoires	2 Dortoirs	
G.	1. Dépense			
	2. Réfectoire des jeunes condamnés	1 Dortoir pour les jeunes condamnés	1 Dortoir	
	3. Atelier id			
	4. 1er Gardien et Magasin			
	5. Cellules			
H.	1. Corps de garde des gardiens			
	2. Cabinet du gardien chef	Magasin à Farine	Magasin de Literie	Cellules
	3. Boulangerie			
I.	1. Atelier de tissage	Filature	Filature	Atelier de cordonnerie
	2. Machine à vapeur			
K.	1. Salle de poleux			
	2. Cellules d'isolement	2 Dortoirs	2 Dortoirs	Dortoir supplémentaire
	3. Cuisine			
	4. Gardien portier			
	5. Pharmacie			
	6. Bains			
	7. Laboratoire			
L.	Atelier de Serrurerie	Atelier de tissage	Atelier de tissage	
M.	Buanderie	Séchoir	Séchoir	
N.	Chapelle catholique			
O.	Salle des morts			
P.	Logement du Greffier	Logem' du Greffier		
Q.	Canal			
R.	Chemin de Ronde			
S.	Latrines			

MAISON CENTRALE DE FORCE ET DE CORRECTION

D'ENSISHEIM.

Maison Centrale de force et de correction d'Ensisheim.

Cubage des habitations.

Désignation des habitations.		Nombre de lits ou d'habitants	Longueur.	Largeur.	Superficie	Hauteur	Cube d'air.	Cube d'air par individu.	Observations
Dortoirs	N° 1	94	32.45	8.00	259.60	3.60	934.56	9.94	
	N° 2	94	32.45	8.00	259.60	3.60	934.56	9.94	
	N° 3	100	39.20	7.00	274.40	3.70	1,015.28	10.15	
	N° 4	40	18.80	7.33	137.80	3.63	500.23	12.50	
	N° 5	40	18.80	7.25	136.30	3.63	494.77	12.36	
	N° 6	35	13.90	7.10	98.69	3.72	367.12	10.48	
	N° 7	32	14.05	6.40	89.92	3.75	337.20	10.50	
	N° 8	175	53.55	8.95	479.27	3.85	1,845.20	11.11	
	N° 9	175	53.55	8.95	479.27	3.85	1,845.20	11.11	
	N° 10	31	14.00	6.60	92.40	3.95	364.98	11.77	
	N° 11	32	14.00	7.00	98.00	3.95	387.10	12.09	
	N° 12	50	14.00	7.00	98.00	3.95	387.10	7.74	
	N° 13	104	39.20	7.00	274.40	3.70	1,015.28	9.76	
	N° 14	76	19.40	10.65	206.61	3.69	778.11	10.23	
	N° 15	56	13.55	12.00	162.60	3.75	609.75	10.88	
	N° 16	50	17.80	8.20	145.96	3.60	525.46	10.50	
Moyenne des Dortoirs..		1,184					12,341.90	10.42	
Infirmeries.	N° 1	33	22.80	8.00	182.40	3.80	693.12	20.00	
	N° 2	33	22.80	8.00	182.40	3.80	693.12	20.00	
	N° 3	33	22.80	8.00	182.40	3.80	693.12	20.00	
	N° 4	55	22.80	8.00	182.40	3.80	693.12	12.60	
Moyᵉ des Infirmeries...		154					2,772.48	18.00	
Réfectoires.	N° 1..	230	11.87	13.15	156.09	3.95	616.56	2.67	
	N° 2..	300	19.50	10.15	197.92	3.95	781.30	2.60	
	N° 3. 1ʳᵉ pᵉ	236	13.40	12.07	161.74	3.75	606.52	2.56	
	N° 3. 2 p..	99	12.60	7.78	98.03	3.55	298.99	3.02	
	N° 4..	297	19.50	10.65	207.68	3.75	778.78	2.62	
École...........			19.40	4.80	89.52	3.95	353.69		
Ateliers.									
Cardage de frisons..		75	25.00	6.75	168.75	2.30	388.12	5.39	

Suite du Cubage des habitations.

Désignation des habitations.	Nombre de lits ou d'habitants	Longueur.	Largeur.	Superficie.	hauteur.	Cube d'air.	Cube d'air par Individu.	Observations.
Ateliers.								
Epluchage de laine . .	145	21.70	6.75	146.47	2.30	336.88	3.01	
Menuiserie { 1re partie.	22	15.30	16.20	247.86	4.20	1,041.07	56.47	1,242.54
Menuiserie { 2e partie.		8.20	5.85	47.97	4.20	201.47		
Tailleurs	23	5.95	3.85	22.91	3.00	68.72	2.97	
Brodeurs	5	10.20	2.05	20.91	3.50	73.19	14.63	
Boutons. { Rez-de-ch . .	80	25.90	8.80	227.92	2.85	649.57	8.12	
Boutons. { 1er Étage . .	80	25.90	8.80	227.92	2.80	638.18	7.97	
Cordonniers	80	27.65	9.65	266.82	2.65	707.08	8.83	
Gde. Serrurerie	85					1,848.78	21.75	
petite Serrurerie . . .	40	25.50	7.00	178.50	4.10	731.85	18.29	
Tissage { No. 1 { 1re p . .	103	14.70	18.85	277.09	4.35	1,205.36	22.56	2,324.62
Tissage { No. 1 { 2e p . .		13.65	18.85	257.30	4.35	1,119.26		
Tissage { No. 2	103	44.20	8.60	380.12	4.20	1,596.50	15.50	
Tissage { No. 3	54	28.95	9.65	279.36	3.90	1,089.50	20.17	
Damas { 1er Étage { 1.	50	6.00	8.65	51.90	3.87	200.85	40.80	2,010.10
Damas { 1er Étage { 2.		7.70	16.55	127.44	3.87	493.17		
Damas { 1er Étage { 3.		9.40	8.55	80.37	3.87	311.03		
Damas { 2e Étage { 1.		6.00	8.65	51.90	3.87	200.85		
Damas { 2e Étage { 2.		7.70	16.55	127.44	3.87	493.17		
Damas { 2e Étage { 3.		9.40	8.55	80.37	3.87	311.03		
Filature { R.de-ch. { 1.	100	9.65	8.50	82.02	3.90	319.88	34.38	3,438.11.
Filature { R.de-ch. { 2.		9.65	6.40	61.76	3.90	240.86		
Filature { 1er Étage . .		44.55	8.50	378.68	3.73	1,412.47		
Filature { 2e étage { 1.		26.45	8.50	224.83	3.20	719.46		
Filature { 2e étage { 2.		18.95	8.50	161.08	3.20	515.45		
Filature { 3e Étage . . .		9.90	9.60	96.04	2.42	229.99		

Maison Centrale de Force et de Correction d'Eysses

MAISON CENTRALE D'EYSSES

LÉGENDE

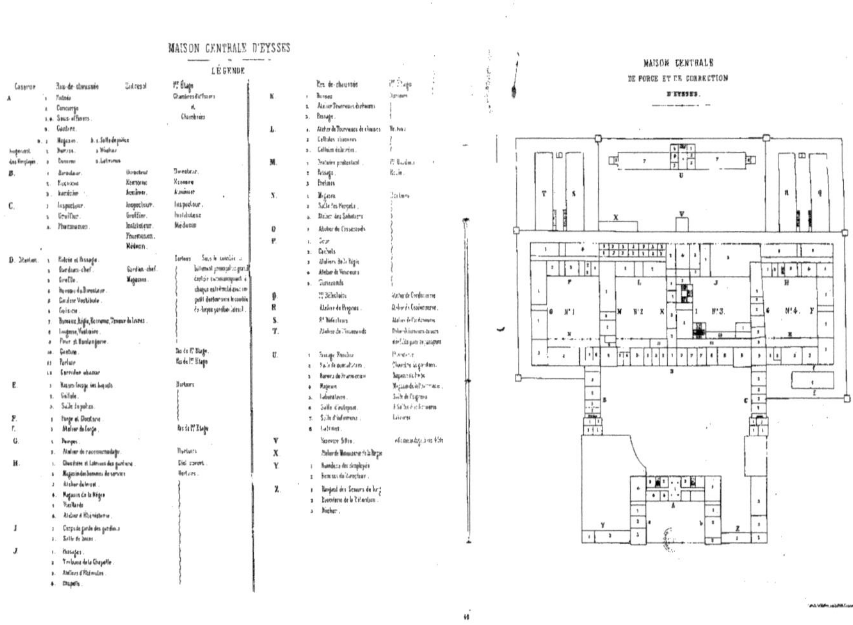

Maison Centrale de Force et de Correction d'Eysses.

Cubage des habitations.

Désignation des habitations	Nombre de lits ou d'habitans.	Longueur.	Largeur.	Superficie.	Hauteur.	Cube d'air.	Cube d'air par Individu.	Observations
Dortoirs.								
Dortoir N.º 2....	34	14.70	8,25	121.27	4.25	515.41	15.15	
N.º 3....	27	12.60	7.40	93.24	4.25	396.77	14.69	
N.º 4....	41	17.30	7.60	131.48	4.25	558.79	13.62	
N.º 5....	40	18.90	7.50	141.75	4.25	602.43	15.06	
N.º 6....	14	6.25	7.55	47.18	4.25	200.49	14.32	
N.º 7....	29	13.70	5.10	69.87	4.30	300.44	10.36	
N.º 8....	12	6.20	5.65	35.03	4.30	150.62	12.55	
N.º 11....	12	6.25	5.00	31.25	4.40	137.50	11.45	
N.º 12....	36	16.72	5.10	85.27	4.40	375.19	10.42	
N.º 13....	6	6.25	2.45	15.31	4.40	67.37	11.22	
N.º 14....	8	5.00	4.55	22.75	4.40	100.10	12.51	
N.º 16....	9	4.25	5.00	21.25	4.40	93.50	10.38	
N.º 17....	17	9.10	5.00	45.50	4.40	200.20	11.77	
N.º 18....	33	13.70	6.45	88.36	4.40	388.80	11.78	
N.º 19....	20	9.10	5.05	45.95	4.40	202.20	10.11	
N.º 21....	20	11.00	4.40	48.40	4.40	212.96	10.64	
N.º 22....	30	12.85	6.40	82.24	4.40	361.85	12.06	
N.º 23....	18	8.35	8.40	70.14	4.40	308.61	17.14	
N.º 24. { pièce N.º 1..	18	11.20	4.95	55.44	4.40	243.93	13.55	
N.º 24. { pièce N.º 2..	7	4.60	3.05	14.03	4.40	61.73	8.81	
N.º 25....	10	8.42	4.00	33.68	4.40	148.19	14.81	
N.º 27....	23	8.25	7.70	63.52	4.40	279.51	12.15	
N.º 28....	23	11.70	5.75	67.27	4.40	296.01	12.43	
N.º 29....	18	9.20	5.70	52.44	4.40	230.73	12.81	
N.º 30....	30	13.85	7.82	108.30	4.40	476.55	15.88	
N.º 32....	42	22.85	4.35	99.39	4.40	437.34	10.41	
N.º 33....	11	6.70	5.05	33.83	4.80	162.40	14.76	
N.º 35....	39	17.70	5.55	98.23	4.40	432.23	11.08	
N.º 39....	12	4.70	5.45	25.61	4.40	112.70	9.39	
N.º 40....	29	13.55	5.60	75.88	4.40	377.87	10.03	
N.º 41....	12	7.50	4.85	36.37	4.40	160.05	13.33	

à reporter 680   8,592.47

Suite du Cubage des habitations.

Désignation des habitations.	Nombre de lits ou d'habitans.	Longueur.	Largeur.	Superficie	Hauteur	Cube d'air.	Cube d'air par Individu.	Observations.
Report...	680					8,592.47		
Dortoirs (suite)								
N° 42...	39	16.25	7.40	120.25	4.40	529.10	13.30	
N° 43...	40	15.80	7.40	116.92	4.40	514.44	12.86	
N° 44...	30	12.80	7.43	94.72	4.40	416.76	13.89	
N° 45...	30	15.30	8.15	124.69	4.40	548.65	18.28	
N° 47...	22	7.32	7.45	54.53	4.40	239.94	10.96	
N° 48...	22	8.35	7.75	64.86	4.55	294.44	13.38	
N° 49...	30	12.40	7.50	93.00	3.90	362.70	12.09	
N° 50...	25	7.50	10.40	78.00	3.90	304.20	12.16	
N° 52...	53	20.60	7.80	160.68	4.80	771.26	14.55	
N° 53...	55	22.45	7.70	172.86	3.90	674.17	12.25	
N° 54...	16	7.70	6.60	50.82	3.90	198.19	12.38	
N° 55...	18	7.70	7.40	56.98	3.90	222.22	12.34	
N° 56...	60	22.70	7.80	177.06	4.50	796.77	13.27	
N° 57...	137	53.40	7.70	411.18	8.30	1,356.89	9.90	
N° 58...	18	7.70	7.32	56.36	3.30	186.00	10.33	
N° 59...	23	8.35	8.80	73.48	4.25	276.80	12.03	
N° 60...	24	8.40	7.60	63.84	4.25	271.32	11.30	
des Forçats...	20	14.70	8.10	119.07	4.76	566.77	28.33	
Moyenne des Dortoirs	1,342					17,123.09	12.75	
Infirmeries								
Salle... N° 1..	26	24.00	7.25	174.00	4.10	713.40	27.43	
N° 2..	26	24.00	7.25	174.00	4.10	713.40	27.43	
N° 3..	26	24.00	7.25	174.00	4.10	713.40	27.43	
N° 4..	26	24.00	7.25	174.00	4.10	713.40	27.43	
Moyenne des Infirmeries	104					2,853.60	27.43	
Ateliers								
Tourneurs { N° 1	21	13.40	4.00	53.60	3.60	192.96	9.18	
Tourneurs { N° 2	39	27.05	5.90	159.59	3.60	574.54	14.73	

Eyssea.

suite du Cubage des habitations.

Désignation des habitations.	Nombre de lits ou d'habitans.	Longueur.	Largeur.	Superficie.	Hauteur.	Cube d'air.	Cube d'air par Individu.	Observations.
Ateliers								
Sabottere	13	12.60	7.40	93.24	4.25	397.27	30.55	
Tisserands ⎰ Nᵒ 1..	21	17.20	7.35	126.42	4.40	556.24	26.48	
Tisserands ⎱ Nᵒ 2..	31	19.80	7.30	144.54	4.40	635.97	20.51	
Tisserands Nᵒ 3..	20	13.70	5.00	68.50	4.40	301.40	15.07	
Tisserands Nᵒ 4..	22	42.50	8.05	342.12	4.40	1,505.35	68.42	
Caparaçons à soie ...	141	42.50	8.05	342.12	3.90	1,334.28	9.46	
Tailleurs et piqueurs.	135	42.50	8.05	342.12	3.80	1,300.07	9.62	
Peignes, Taille, Laine.	108	42.50	8.05	342.12	3.80	1,300.07	12.11	
Cordonniers	132	42.50	8.05	342.12	3.55	1,214.54	9.20	
Bottiers	186	42.50	8.05	342.12	3.55	1,214.54	6.50	
Forge	29	20.50	8.15	167.07	4.30	718.42	24.77	
Clouttere ⎰ Nᵒ 1..	44	16.25	7.40	120.25	4.30	517.07	11.77	
Clouttere ⎱ Nᵒ 2..	12	25.30	7.40	187.22	4.40	823.76	68.64	
Rapiéceurs	28	22.10	4.90	108.29	3.50	379.01	13.53	
Ebénistes	41	23.10	13.25	306.07	3.40	1,040.65	25.38	
Vaunier	28	16.70	5.00	83.50	3.40	283.90	10.13	
Salle de police	30	15.30	8.05	123.16	4.30	529.60	17.65	
Réfectoires Nᵒ 1..	537	42.50	8.05	342.12	3.90	1,334.28	2.48	
Réfectoires Nᵒ 2..	588	42.50	8.05	342.12	3.90	1,334.28	2.26	
Réfectoires Nᵒ 3..	66	13.50	5.55	74.92	4.23	318.43	4.82	
Chapelle	663	16.40	11.00	180.40	5.50	992.20	1.49	
Cellules								
1. Nᵒ 22	1	5.95	2.50	14.87	4.25	63.21	63.27	
1. Nᵒ 16	1	4.55	2.50	11.37	4.40	50.05	50.05	
7. Nᵒ 1.3.5.7.9.11.13..	1	4.10	2.00	8.20	3.60	29.52	29.52	
1. Nᵒ 15	1	4.80	2.25	10.80	2.55	27.44	27.44	
1. Nᵒ 23	1	3.50	1.45	5.07	4.40	22.43	22.43	
7. Nᵒ 1.3.5.7.9.11.13.	1	2.60	2.00	5.20	3.60	18.72	18.72	
7. Nᵒ 2.4.6.8.10.12.14.	1	2.60	2.00	5.20	3.50	18.20	18.20	
4. Nᵒ 17.18.20.21	1	3.60	1.45	5.22	2.30	12.00	12.00	

MAISON CENTRALE DE FONTEVRAULT

LÉGENDE

		Rez-de-chaussée	1er Étage	2e Étage	3e Étage	4e Étage
A		Logement du Portier	Portier			
B		Gendarmerie	Gendarmerie			
C		Logement des Auxiliaires	Auxiliaires			
D		Bureaux et logements d'employés	Inspecteurs, Économe, Employés divers			
E		Logement du Directeur	Logement du Directeur			
F		Manutention du Pain	Magasins			
G	1	Corps de garde	Caserne			
	2	Caserne				
G'		Greffe	Log.t du Greffier			
H	1	Logement de l'Économe	Log.t de l'Économe			
	2	Parloir				
I	1	Logement du Gardien-chef	Logement du Gardien-chef			
J	1	Cuisine	Prétoire, Cabinet du Gardien-chef, Réfectoire des Gardiens			
K	1	Cuisine	École			
	2	Réfectoires	4 Dortoirs	Dortoir	Dortoir	Dortoir
L	1	Cuisine	Ateliers et dortoirs			
	2	Fabrique de Poêles	Dortoirs	Dortoirs	Dortoir	
		Cuisine et dépendances				
M	1	Cuisine	Atelier et dortoirs			
	2	Réfectoire	Ateliers	Dortoirs		
N	1	Cellules des Adultes	Dortoirs	Dortoirs		
		Cellules des Forfaits				
O		Atelier de tissage				
P		Atelier de cordonnerie				
		Atelier de menuiserie				
Q		Forge et atelier, Magasin				
R		Réfectoire				
S		Pde. classe des Enfants				
T	1	Cuisine	Ateliers	Dortoirs	Dortoirs	
	2	Réfectoire des Gardiens				
	3	Atelier de couture				
	4	Chapelle				
	5	Bâtiment communauté des sœurs Religieuses				
	6	Logement de la retraite				
U	1	Cuisine	Cloître	Sœurs		
	2	Salle de communauté				
	3	Lavideurs etc.				
V	1	Cuisine	Cloître	Sœurs		
	2	Réfectoires des Détenus				
	3	Atelier de couture				
	4	Vieillards				
X		Ateliers de tissage				
Y	1	Atelier de tissage, serge et de flanelle coton				
	2	Atelier d'étoupage				
	3	Atelier de pliage				
	4	Machine				
	5	Filature	Filature	Dévidage		
Z	1	Lavoir des corps gras				
	2	Château d'eau				
	3	Atelier de fabricants	Magasin de chanvre			
	4	Canal général				
	5	Buanderie				
	6	Calandre et séchoir	Logements	Séjour		
	7	Salle de la vente	Dessinateur	à l'infirmerie		
	8	Salle des malades	Atelier de recommandage			
	9	Magasin				
W		Magasin de blé, de l'aven et de la chaume				
a		Magasin au lavoir				
b		Salle complémentaire	Les Novices			
	1	Salle de la sœur Vendetz d'Aranguas Religieuse	Salle d'adultes			
Hôpital	2	Dortoirs et infirmières				
	3	Bureaux d'employés				
	4	Logement	Salle d'adultes			
	5	Cuisine				
	6	Pare				
	7	Cuisine supplémentaire				
	8	Salle d'assemblée				
	9	Salle des morts	Cuisines			
	10	...érieure	Magasin de la Manutention, 1er Étage à Détrition	Grenier	
	11	Magasins				
c	1	Atelier de tri-sésame				
d	1	Atelier de tissage	Parloir	Parloir		
Quartier des Jeunes détenus	2	Atelier de tissage	Réfectoire, École			
	3	Atelier de tissage				
	4	Atelier de tissage				
e		Chauve-froide				
f		Chauve-aveux				

MAISON CENTRALE
DE FORCE ET DE CORRECTION
DE FONTEVRAULT

Maison Centrale de force et de correction de Fontevrault.

Cubage des habitations.

Désignation des habitations.	Nombre de lits ou d'habitans.	Longueur.	Largeur.	Superficie.	Hauteur.	Cubage.	Cube d'air par Individu.	Observations.
Adultes.								
Bâtiment de l'ancienne Église.								
1er. Étage, dortoir N°. 4 ..	30	11.80	13.80	162.34	3.60	586.22	16.20	
d°. N°. 5 ..	35	13.00	13.80	179.40	3.60	645.84	13.45	
d°. N°. 6 ..	42	13.70	12.00	164.40	3.70	608.23	14.48	
d°. N°. 6 bis.	20	13.50	7.50	101.25	3.70	374.62	18.73	
2e. Étage d°. N°. 3 ..	190	50.80	11.20	563.96	6.00	3,413.76	17.96	
3e. Étage d°. N°. 2 ..	168	47.50	15.30	726.75	4.00	2,907.00	17.18	
4e. Étage d°. N°. 1 ..	80	52.00	6.00	312.00	2.80	873.60	10.92	
Bâtiment du Chapitre.								
1er. Étage, dortoir N°. 7 ..	140	47.85	12.00	564.20	2.91	1,670.92	14.37	
		13.55	8.65	127.20	2.91	341.07		
2e. Étage, d°. N°. 3 ..	155	61.40	12.00	736.80	2.95	2,173.50	13.37	
3e. Étage, d°. N°. 6 ..	98	61.60	9.50	585.20	3.00	1,755.60	17.91	
Bâtiment des Cachots.								
1er. Étage, dortoir N°. 2 ..	63	10.70	7.90	84.63	2.80	236.68	11.27	
		14.20	11.70	166.14	2.85	473.50		
2e. Étage, d°. N°. 4 ..	68	10.70	7.90	84.53	2.80	236.68	10.44	
		14.20	11.70	166.14	2.85	473.50		
Bâtiment de l'ancien Réfectoire.								
1er. Étage, dortoir N°. 1 ..	164	6.99	10.20	71.30	3.50	249.54	12.39	
		43.29	10.20	441.55	4.00	1,766.23		
2e. Étage, d°. N°. 5 ..	42	15.60	10.00	156.00	3.30	514.80	12.25	
Dortoir des vieillards ..	20	7.65	7.60	58.14	3.30	191.86	9.59	
Moyenne des dortoirs d'Adultes	1,315					19,493.96	14.82	

Suite du Cubage des habitations.

Désignation des habitations	Nombre de lits ou d'habitans.	Longueur.	Largeur.	Superficie.	hauteur.	Cube.	Cube d'air par individu	Observations.
Jeunes Condamnés.								
1.er Etage. Dortoirs..	54	23.85	5.57	132.84	2.78	369.31	6.83	
2.e Etage. do. ...	64	28.10	5.50	154.55	3.30	510.01	7.97	
Moyenne des Dortoirs des Jeunes Condamnés ...	118					879.32	7.45	
Enfants.								
Dortoirs.								
1.er Etage.								
Bâtiment Nord N.° 1 ..	25	10.45	6.90	72.10	3.73	268.95	10.75	
d.° N.° 1..	11	7.10	4.92	34.93	3.48	121.56	10.05	
Corridor, N.° 1..	11	14.00	2.65	37.10	2.55	94.60	8.60	
Pavillon N.° 2..	22	9.65	6.39	61.66	3.62	223.22	10.14	
Bâtiment la N.° 3..	25	10.84	6.75	73.17	3.68	269.27	10.76	
d.° N.° 4..	24	10.05	6.88	69.14	3.50	242.00	10.08	
Pavillon sud N.° 5..	23	10.06	7.00	70.42	3.70	260.55	11.32	
Bâtiment sud N.° 6 ..	34	13.00	7.20	93.60	3.45	322.92	9.50	
d.° N.° 6..	39	13.00	7.20	93.60	3.45	322.92	8.28	
Corridor N.° 6..	17	24.00	2.60	62.40	2.50	156.00	9.17	
2.e Etage.								
Pavillon N. N.° 7..	20	9.82	6.55	64.32	3.64	234.13	11.70	
Bâtiment la N.° 7..	72	27.71	7.08	196.18	3.50	678.89	9.42	
Pavillon sud, N.° 7..	24	10.13	6.95	70.40	3.75	264.01	11.00	
3.e Etage.								
Pavillon N.° N.° 8..	27	10.50	9.50	99.75	5.00	498.75	18.47	
Bâtim.t En., N.° 8..	58	33.40	7.39	246.82	2.20	543.02	9.36	
Pavillon sud, N.° 8..	27	10.90	8.00	87.20	5.00	436.00	16.15	
Moyenne des Dortoirs d'Enfants	459					4,936.79	10.75	
Moyenne Générale des Dortoirs	1,892					25,309.37	13.38	

Fontevrault.

Suite du Cubage des habitations.

Désignation des habitations.	Nombre de lits ou d'habitans.	Longueur.	Largeur.	Superficie.	Hauteur.	Cube d'air.	Cube d'air par Individu.	Observations.
Hôpitaux.								
Salle des Militaires.	20	19.80	6.00	118.80	3.70	439.56	21.97	
Rez-de-chaussé. St. Vincent.	18	11.81	7.40	37.39	5.00	436.97	24.27	
1er. Étage. St. Paul ..	34	24.86	7.57.	188.19	4.46	839.33	24.68	
St. Pierre ..	41	37.10	7.40	274.54	5.50	1,509.97	36.82	
St. Jean ..	18	14.80	4.80	71.04	4.53	323.23	24.56	
		10.00	4.25	42.50	2.80	119.00		
2e. Étage. St. Louis ..	34	24.86	7.57	188.19	2.65	498.70	14.67	
Rez-de-Ché. St. Jacques ..	36	29.10	7.40	215.34	4.05	872.13	24.22	
1er. Étage. Salle des Enfants ..	39	6.60	8.30	54.78	3.80	208.16	35.71	
		29.25	7.50	219.37	5.40	1,184.62		
Moyenne des Dortoirs, d'Hôpital	240					6,431.67	28.46	
Réfectoire, Adultes ..	680	37.00	12.00	444.00	3.80	1,687.20	2.48	
Réfectoire, d°.	660	46.00	10.00	460.00	3.40	1,564.00	2.36	
Réfectoire, Vieillards ..	22	7.65	7.60	58.14	3.20	186.05	8.45	
Réfectoire, Jnes condamnées ..	120	21.80	5.70	124.26	3.25	403.84	3.36	
Réfectoire, Enfants ..	393	29.50	10.00	295.00	4.00	1,180.00	3.00	
Moyenne des Réfectoires ..	1,875					5,021.09	2.68	
Ateliers Adultes.								
Tissage 1	223					4,863.36	21.80	
2	133					2,402.63	18.06	
3	23	48.80	3.15	153.72	3.80	524.29	22.79	
4	82	32.50	10.80	351.00	3.40	1,193.40	14.55	
8	20	38.10	3.40	129.54	3.70	479.29	23.96	
Menuiserie	7	10.00	6.00	60.00	5.20	312.00	44.57	
Ourdissage	6	35.50	3.30	117.15	3.50	410.02	68.33	
Bobineurs	5	6.25	5.10	31.87	2.90	92.44	18.48	
à reporter . ..	1,499					10,277.43		

Suite du Cubage des habitations.

Désignation des habitations.	Nombre de lits ou d'habitans.	Longueur.	Largeur.	Superficie.	Hauteur.	Cube d'air.	Cube d'air par individu.	Observations.
Report.	499				Report.	10,277.43		
Bobineurs....	67	32.55	4.50	146.47	3.50	512.66	7.65	
Tailleurs....	38	8.00	8.30	66.40	3.85	255.64	6.72	
D°......	20	5.70	3.60	20.52	2.60	53.35	2.66	
Séranceurs...	250	60.00	35.00	2100.00	5.00	10,500.00	42.00	
Echarpilleurs....	107	22.00	7.50	165.00	3.00	495.00	4.62	
Raccommodeurs..	36	7.00	7.50	52.50	2.45	128.62	3.57	
Serrurerie....	16	29.00	5.80	168.20	4.00	672.80	42.05	
Tourneurs...	6	14.00	5.00	70.00	5.00	350.00	58.33	
Étireurs de chanvres.	11	10.80	3.70	39.96	3.40	135.86	12.35	
Pilerie mécanique.	6	8.60	8.00	68.80	3.60	247.68	41.28	
Moy.⁰ des ateliers adultes..	1,056					23,629.04	22.37	
Ateliers des Jeunes Condamnés.								
Tissage N°.7......	40	39.50	4.65	183.67	3.90	716.33	17.90	
N°.5......	26	30.90	4.55	140.59	3.70	520.20	20.00	
N°.6......	16	13.12	5.50	72.16	3.40	245.34	15.33	
N°.6, A. de ch.t	26	28.00	4.50	126.00	3.00	378.00	14.53	
Moyenne des Ateliers des Jeunes Condamnés..	108					1,859.87	17.22	
Ateliers des Enfants.								
Carde mécanique...	5	5.00	8.00	40.00	3.20	128.00	25.60	
Filature, rez-de-ché..	100	40.00	9.00	360.00	4.50	1,620.00	16.20	
D°. 1.er Étage...	55	40.00	9.00	360.00	3.30	1,188.00	21.60	
Dévideurs, 2.e Étage...	23	44.00	9.00	396.00	3.20	1,267.20	55.09	
Sabotiers.......	11	10.85	6.55	71.06	3.50	248.74	22.61	
Echarpilleurs...	130	10.10	6.85	69.18	3.40	235.23	1.80	
Tailleurs......	140	13.00	7.55	98.15	3.15	309.17	22.08	
Moyenne des ateliers d'Enfants.......	464					4,996.34	10.76	

Fontevrault.

Suite du Cubage des habitations.

Désignation des habitations.	Nombre de lits ou d'habitans.	Longueur.	Largeur.	Superficie.	Hauteur.	Cube d'air.	Cube d'air par individu.	Observations.
Cellules.								
Adultes.								
6 Cellules	1	3.30	3.10	10.23	3.60	36.83	36.83	
31 Cellules	1	3.20	2.95	9.44	2.75	25.96	25.96	
1 Cachot	1	3.10	2.30	7.13	2.45	17.47	17.47	
1 Cachot	1	3.05	2.30	7.01	2.45	17.19	17.19	
2 Cellules	1	2.60	2.30	5.98	2.80	16.74	16.74	
1 Cellule	1	2.35	2.00	4.70	3.00	14.10	14.10	
Enfants								
1 Cellule	1	7.15	2.45	17.51	3.70	64.81	64.81	
1 d°.	1	7.50	2.30	17.25	3.70	63.82	63.82	
1 d°.	1	7.50	2.20	16.50	3.60	59.40	59.40	
1 d°.	1	3.30	3.15	10.39	3.00	31.18	31.18	
1 d°.	1	2.65	2.50	6.62	3.40	22.52	22.52	
1 d°.	1	3.30	2.20	7.26	2.80	20.33	20.33	
1 d°.	1	2.55	2.15	5.48	2.80	15.35	15.35	
1 d°.	1	2.65	1.50	3.97	3.50	13.91	13.91	

MAISON CENTRALE

DE FORCE ET DE CORRECTION

DE

GAILLON.

(Eure.)

MAISON CENTRALE DE GAILLON.

LÉGENDE.

	Rez-de-Chaussée.	1er Étage.	2e Étage.	3e Étage.
1.	Corps de Garde.			
2.	Logement du Cantinier.			
3.	Logement du Portier.			
4.	Cuisine de la Caserne.	Chambres	Chambres	Chambres
5.	Salle de Police d°.	de	de	de
6.	Salle d'autopsie	Militaires.	Militaires.	Militaires.
7.	Magasin.			
8.	Logement des Gardiens.	Logement du Gardien-chef		
		2 Dortoirs de 27 lits Infirm. supplément.		
9.	Infirmeries.			
10.	Pharmacie.	1 Dortoir de 20 lits.	1 Dortoir de 20 lits.	
11.	Laboratoire.	1 d°. de 18.	1 d°. de 18.	
12.	Salle de Bains.	1 d°. de 9.	1 d°. de 9.	
13.	Cuisine de l'Infirmerie.			
14.	Chapelle	au dessus dune partie 1 Dortoir.	1 Dortoir.	
15.	Parloir et Geoles.	Logement de Gardiens		
16.	Réfectoire.	Dortoirs	Dortoirs.	
17.	Ateliers.	Dortoir St Charles.	Dortoir St Charles.	
18.	Bureau de la Tisseranderie.			
19.	Magasins et Bureau du comptable	Atelier	2 Dortoirs.	
20.	Cantine Bureau du Gardien-chef.	de Cordonniers.		
21.	Cuisine et dépendances.			
22.	Atelier.			
23.	Cuisine des Gardiens.			
24.				
25.	Ateliers.			
26.	Atelier des Accordéons.			
27.	Ateliers de Brossiers.			
28.	Ateliers de Tisserands.	1 Dortoir.	Grenier.	
29.	Ateliers d'Ebenisterie.	Ateliers.	Ateliers	Dortoirs
30.	Ecoles.	Atelier	Dortoir.	Dortoir
31.	Magasins.			
32.	Réfectoire.	Atelier.		
33.	Infirmerie.			
34.	Cellules.			
35.	Lavoirs.			
36.	Buanderie et Magasin.	Econome Lingerie	Grenier.	
37.	Lingerie.	Atelier de raccommodages		
38.	Vestiaire.			
39.	Pannetarie. Magasin.	Logt des Insp. gén.	Magasins et	
40.	Cabinet du Directeur et Greffe.	et Econome.	Chamb de dames.	
41.	Boulangerie. Magasins.			
42.	Ecuries.			
43.	Remises.			
44.	Logement du Directeur.			
45.	Logement de l'Aumonier.			
46.	Logement de l'Inspecteur.			
47.	Jardins.			
48.	Quartier des Enfants.	3 Dortoirs.	Infirmerie. A Dortoirs.	
	(Chapelle Cordonnerie Sculpture Marqueterie. Tour Menuiserie. Serrurerie)			
49.	Serres.			
50.	Chemin de ronde.			

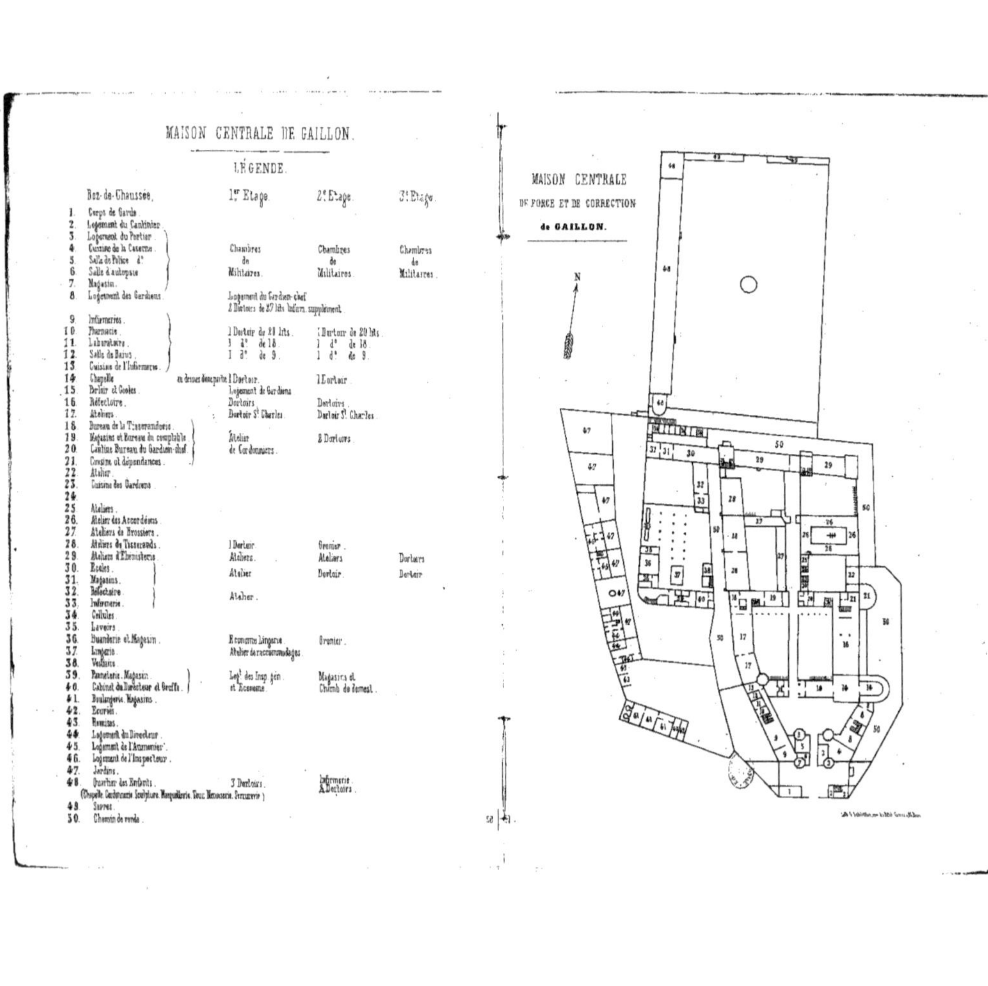

Maison Centrale de force et de Correction de Gaillon.

Cubage des habitations.

Désignation des habitations.	Nombre de lits ou d'habitants	Longueur.	Largeur.	Superficie.	Hauteur.	Cube d'air.	Cube d'air par Individu.	Observations.
Quartier des Adultes.								
Dortoirs.								
S.ᵗ Louis — N.° 1...	29	9.00	7.10	63.90	3.70	236.43	8.15	
1.ᵉʳ Étage — N.° 2...	75	22.70	7.10	161.17	3.70	596.32	7.95	
N.° 3...	29	9.50	7.90	77.05	3.70	277.68	9.57	
N.° 4...	22	10.45	7.10	74.19	3.70	274.52	12.46	
2.ᵉ Étage — N.° 1...	29	9.30	7.40	63.82	3.40	241.38	8.35	
N.° 2...	75	22.70	9.30	211.11	3.40	717.77	9.57	
N.° 3...	65	16.60	10.00	166.00	3.30	547.80	8.42	
S.ᵗ Pierre N.° 1...	16	9.30	5.10	47.43	3.20	151.77	9.48	
Tourelle.	18	8.00	6.00	48. ..	3.20	153.60	8.53	
Pompier N.° 1...	35	17.40	5.20	90.48	2.70	243.29	6.95	
N.° 2...	34	15.20	5.20	79.04	2.70	213.40	6.27	
S.ᵗ Charles N.° 1...	86	23.10	8.70	200.97	3.70	743.58	8.64	
1.ᵉʳ Étage. N.° 2...	53	13.50	8.70	117.45	3.70	434.56	8.19	
2.ᵉ Étage, N.° 1...	80	23.20	8.20	190.24	3.40	646.16	8.07	
N.° 2...	50	13.70	7.70	105.49	3.40	358.66	7.17	
Galeux...	10	5.30	5.00	26.50	3.10	82.15	8.21	
Nord. N.° 1...	39	17.20	5.00	86.00	3.40	292.40	7.50	
N.° 2...	39	17.20	5.00	86.00	3.40	292.40	7.50	
N.° 3...	36	15.40	5.00	77.00	3.40	261.80	7.27	
N.° 4...	39	17.20	5.00	86.00	3.40	292.40	7.50	
N.° 5...	39	17.20	5.00	86.00	3.40	292.40	7.50	
N.° 6...	39	17.20	5.00	86.00	3.40	292.40	7.50	
Champ d'asile, Vieillards.	19	8.50	7.90	67.15	4.80	322.32	16.95	
Colonie..	25	8.20	7.70	63.14	4.80	303.07	12.12	
1.ᵉʳ Étage N.° 1...	25	8.90	7.70	68.53	3.60	246.70	10.66	
N.° 2...	8	4.50	4.70	21.15	3.60	76.14	9.51	
2.ᵉ Étage N.° 1...	25	8.30	7.90	65.57	3.40	222.93	8.91	
N.° 2...	18	8.90	5.00	44.50	3.40	151.30	8.40	
N.° 3...	26	8.80	7.70	67.76	3.40	350.38	13.47	
N.° 4...	8	4.00	6.00	24.00	3.40	81.60	10.20	
Moyenne des Dortoirs.	1,091					9,397.31	8.61	
Infirmeries.								
Gardien..	4	4.50	4.70	21.15	4.80	101.52	25.38	
Salle N.° 1...	27	19.50	6.40	124.80	3.80	474.24	17.56	
1.ᵉʳ Étage. N.° 2...	20	15.00	6.20	93.00	3.80	353.40	17.67	
N.° 3...	24	21.50	6.00	129.00	3.40	438.60	18.27	
N.° 4...	16	12.50	6.40	80.00	3.40	272.00	17.00	
2.ᵉ Étage N.° 1...	10	5.10	6.00	30.60	5.00	153.00	15.30	
N.° 2...	32	13.30	6.20	82.46	5.00	412.30	12.88	
Moyenne des Infirmeries.	133					2,205.06	16.80	

suite du Cubage des habitations.

Désignation des habitations.	Nombre de lits ou d'habitans	Longueur	Largeur	Superficie	Hauteur	Cube d'air	Cube d'air par Individu.	Observations
Grand Réfectoire ...	700	31.20	12.80	399.36	4.50	1,797.12	2.56	
Petit Réfectoire ...	330	21.30	7.80	165.14	2.95	488.11	1.47	
Ateliers.								
Brosses N.° 1 ..	100	20.20	7.90	159.58	2.80	446.82	4.46	
N.° 2 ..	66	35.00	4.60	161.00	3.25	523.25	7.92	
Ébénistes N.° 1 ..	40	16.00	8.60	137.60	4.50	619.20	15.48	
N.° 2 .,	28	23.10	5.30	122.43	4.50	550.93	19.67	
Musique	122	59.00	4.60	271.40	3.45	936.33	7.67	
Chaussons ...	77	11.20	5.20	58.24	3.60	209.66	2.72	
Cordonniers ...	60	15.00	5.00	75.00	3.60	270.00	4.50	
Claqueurs ...	120	22.00	10.00	220.00	4.00	880.00	7.33	
Cardage	65	12.00	9.40	112.80	4.00	451.20	6.94	
Paille	60	23.40	5.50	128.70	4.20	540.54	9.09	
Tisserands	100	52.50	11.20	588.00	3.60	2,216.80	22.16	
Tisserands, cave ..	60	43.00	6.80	292.40	4.00	1,169.20	19.48	
Grosse Couture	22	7.70	4.50	34.65	2.70	93.55	4.70	
Jeunes Détenus.								
Dortoirs.								
Grand Dortoirs ...	160	57.20	10.60	606.32	3.10	1,879.59	11.74	
Dortoirs N.° 1 ..	90	29.50	10.60	312.70	3.10	969.37	10.77	
N.° 2 ..	90	32.50	10.60	344.50	3.10	1,067.95	11.97	
N.° 3 ..	90	24.00	10.60	254.40	2.70	686.88	7.63	
N.° 4 ..	75	33.00	10.60	349.80	3.00	1,049.40	13.99	
Moyenne des Dortoirs .	505					5,853.19	11.59	
Infirmerie	50	30.80	10.60	326.48	2.70	881.49	16.63	
Ateliers.								
Grand Atelier ...	200	57.20	10.00	572.00	4.65	2,659.80	13.92	
Forge	85	29.50	10.00	295.00	4.60	1,357.00	15.98	
Charronnage ...	12	11.30	8.00	80.40	5.00	452.00	37.66	
Carosserie	32	36.50	7.90	288.35	5.00	1,441.75	45.05	
Quartier d'épreuve.								
Réfectoire	150	12.30	7.30	89.79	3.90	350.18	2.33	
Tailleurs et Éplucheurs.	60	8.10	7.50	60.75	3.90	236.92	3.94	
Brosses	90	16.30	7.40	120.62	3.90	458.35	5.09	

MAISON CENTRALE

DE FORCE ET DE CORRECTION

DE

HAGUENAU

(Bas-Rhin)

MAISON CENTRALE DE HAGUENAU

LÉGENDE

Rez de Chaussée

A. Greffe
B. Corps de garde
C. Parloir
D.
1. Ecole
2. Latrines de l'Ecole
3. Refectoire des Sœurs
4. Cabinet de décharge
5. Cellule de Sœur
6. Cabinet de décharge
7. Latrines des Sœurs
8. Cabinet de décharge
9. Cuisine des Sœurs
10. Dépense
11. Salle de réunion des Sœurs
12. Infirmerie des Sœurs
13. Cellule de la Sœur Supérieure
14. Lingerie des Sœurs
15. idem
16. Prétoire
17. Chapelle
18. Sacristie
19. Cellule de Sœur
20. Synagogue
21. Cellule de Sœur
22. Ornements de la Chapelle
23. Dépôt du linge raccommodé
24. Cabinet de dépôts divers
25. Entrée de l'Oratoire protestant
26. Atelier de raccommodage
27. Dortoir des Infirmes
28. Latrines du dit dortoir
29. Atelier des Infirmes
30. Décharge
31. Décharge
32. Latrines des Sœurs
33. Cellule de Sœur
34. Cabinet de décharge
35. Cachot
36. Corridor

E. Infirmerie
1. Bains
2. Laboratoire
3. Salle de malades
F. Logement du Directeur et de l'Inspecteur
G. Dépendances de ces logements
H. Atelier
I. Dépôt des Pompes à Incendie

1er Étage

Atelier de la Flanelle
Dépôt de l'Atelier de la flanelle / Latrines du dit atelier
Cabinet de la couturière au flanelle
Dépôt et l'Atelier de la flanelle
Cabinet d'une releveuse des valides
Couloir. Décharge
2e Cabinet du Refectoire
Réfectoire des Valides
Tribunes de la Chapelle / Couloir. Dépôt de sabots. Cabinet
1er Dortoir de la Flanelle
2e Dortoir de la Flanelle et Latrines
Décharge
2e Partie du 1er Dortoir de la Flanelle
Cellule de Sœur et partie de dortoir (flanelle)
Autre partie du dortoir de la flanelle
Cellule de Sœur
Cellule de Sœur
Salle de malades

2e Étage

Atelier des faux cols
Dépôt de laine pour matelats / Cabinet à côté / Couloir des latrines / Cabinet des faux cols / Dépôt de matelats / Entrée du dortoir des faux cols / Cachot / Latrines / Entrée du dortoir des faux cols
Dortoir des faux cols
Couloir et cellule de Sœur / Cellule de Sœur
Dortoir des gants et des chaussettes
Atelier des gants / Atelier des chemisettes — et latrines
Décharge
Dépôt échange salle des Sœurs / Cellule de Sœur avec antichambre
Cellule de Sœur avec antichambre / Entrée du Dortoir N° 23 / Cellule de Sœur / Cabinet de l'Entrepreneur

3e Étage

Atelier de la fine couture
Dortoir des Corvéyeuses
Latrines de la fine couture / Dépôt de la fine couture / Entrée du Dortoir de la fine couture
Cachot et son entrée
Dortoir de la fine couture
Couloir et cellule de Sœur / Cellule de Sœur
Dortoir de la grosse couture et des chaussons
Atelier des chaussons / Atelier de la grosse couture — et Latrines
Décharge
2e partie de l'atelier de chaussons / Cabinet de la sœur contre maîtresse
Cachot et couloir du dortoir N° 23 / Entrée du dortoir N° 23 / Dépôt des chaussons / Corridor, cachot, latrines du cachot

MAISON CENTRALE DE FORCE ET DE CORRECTION DE HAGUENAU

Imp. Schlatter 34 r. Petit Carreau, Paris

Maison Centrale de Force et de Correction d'Haagueneau.

Cubage des habitations.

Désignation des habitations.	Nombre de lits ou d'habitants	Longueur.	Largeur.	Superficie.	Hauteur.	Cube d'air.	Cube d'air par Individu.	Observations.
Adultes								
Dortoirs.								
Flanelle	109	30. 50	13. 50	411 . 75	4 . 40	1,811. 70	16. 60	
Faux-Cols	123	31. 00	13. 70	424. 70	4. 15	1,762. 51	14. 33	
Couture fine	104	31. 00	13. 70	424. 70	4. 15	1,762. 51	16. 94	
Couture grosse	115	35. 50	13. 70	486. 35	4. 10	1,994. 04	17. 33	
Gants et chemisettes .	107	35. 50	13. 70	486. 35	4. 10	1,994. 04	18. 63	
Corvoyeuses	18	9. 50	8. 50	80. 75	4. 10	331. 28	18. 40	
Infirmes	27	8. 00	9. 00	72. 00	4. 40	316. 80	11. 73	
Moyenne des Dortoirs	603					9,972,88	16. 53	
Infirmeries								
Salle N.º 1	17	16. 60	8. 84	146. 74	4, 00	586.86	34. 52	
" N.º 2	39	22. 25	9. 70	215. 83	3, 50	755.41	19. 36	
Moyenne des Infirmeries	56					1,342.27	23. 96	
Réfectoire . . .	535	30. 50	13. 50	411.75	4. 40	1,811,70	3. 38	
Ateliers.								
Flanelle et Faux-cols .	156	13. 70 / 9. 00	9. 00 / 8. 50	123. 30 / 76. 50	4. 40 / 4. 40	542. 52 / 336. 60	5. 63	879. 12
Couture fine	109	13. 70	9. 00	123. 30	4. 15	511. 70	4. 69	
Couture grosse et Chaussons.	197	13. 70 / 13. 70 / 5. 50	9. 00 / 9. 00 / 8. 00	123. 30 / 123. 30 / 44. 00	4. 15 / 4. 10 / 4. 10	511. 70 / 505. 53 / 180. 40	6. 07	1,197. 63
Gants et Chemisettes .	90	13. 70	9. 00	123. 30	4. 10	505. 53	5. 61	
Ancien Dortoir des Jeunes Détenus.								
Flanelle	58	13. 70 / 9. 00	9. 00 / 4. 60	123. 30 / 41. 40	4. 40 / 4. 40	542. 52 / 182. 16	12. 49	724. 68
Cellules des Sœurs .	6	7. 00	3. 40	23. 80	4. 40	104. 72	17. 45	
Atelier des Infirmes .	27	9. 00	5. 40	48. 60	4. 40	213. 84	7. 92	
Chapelle, rez-de-Chaussée / d.º , 1.er Etage . . .	600	20. 60 / 8. 00	13. 50 / 8. 00	278.10 / 64.00	4. 80 / 4. 40	1,334.88 / 281.60	2.69	1,616,48.
Ecole	70	13. 50	9. 00	121. 50	4. 40	534. 60	7. 63	

MAISON CENTRALE

DE FORCE ET DE CORRECTION

DE

LIMOGES

(Haute Vienne)

MAISON CENTRALE DE LIMOGES.
LÉGENDE.

	Rez de Chaussée	1er étage.	2e étage.	3e étage.
A.	Logement de l'Administration			
B.	Bûcher et dépôt de Pompes			
C.	1 Boulangerie			
	2 Pâtisserie			
D.	1 Château d'eau			
	2 Cabinet de l'Inspecteur			
	3 Infirmerie des gardiens			
	4 Cabinet du Directeur			
E.	Bureaux de l'entreprise			
F.	1 Logement commis Greffier			
	2 Greffe			
	3 Corps de garde			
	4 Logement du gardien chef			
G.	Infirmerie des femmes			
	1 Cuisine	Salles de malades	Salles de malades	Salles de malades
	2 Laboratoire			
	3 Pharmacie			
H	Infirmerie des hommes			
	1 Logement de gardien			
	2 Salle de malades	Salles de malades	Salles de malades	Salles de malades
	3 Infirmier chef			
	4 Cabinet du médecin			
	5 Bains			
I	1 Buanderie			
	2 Bassins			
K	1 Atelier — Colle			
	2 Atelier — Matelats			
	3 Atelier — Couture			
L	Logement des Religieuses			
M	1 Bains			
	2 Métiers à filer la laine			
	3 Atelier — ferblantiers			
	4 Atelier — laine			
	5 Atelier sabotiers			
	6 Atelier barbiers			
	7 Atelier menuisiers			
	8 Atelier serruriers			
N	1 Réfectoire des religieuses	Dortoirs	Dortoirs	
	2 Cuisine	Ateliers	Ateliers	
	3 Parloir	Bureau de l'entreprise		
	4 Corps de garde			
	5 École Prétoire			
O.	1 Chapelle	Dortoirs	Dortoirs	Dortoirs
	2 Oratoire des hommes			
	3 Oratoire des femmes et réfectoire			
	4 Atelier de tissage			

	Rez de chaussée	1er étage	2e étage			Rez de chaussée	1er étage
P.	1 Atelier de Chardeurs	Dortoirs	Dortoirs	**S**	1 Ateliers de tissage		Ateliers
	2 Atelier de Tailleurs				2 Vestibule		
Q.	1 Atelier du Cylindre				3 Réfectoire N° 1.		
	2 Cuisine et dépendances				4 Vestibule		
	3 Magasin de cuirs	Dortoirs	Dortoirs		5 Réfectoire N° 2.		
	4 Atelier de chardeurs			**T.**	Promenoir		Ateliers
	5 Salle de Police			**U.**	Fosse		
R.	Cellules de punition			**V.**	Logement de la lingère		

X Chemin de ronde. **Y** Cantine

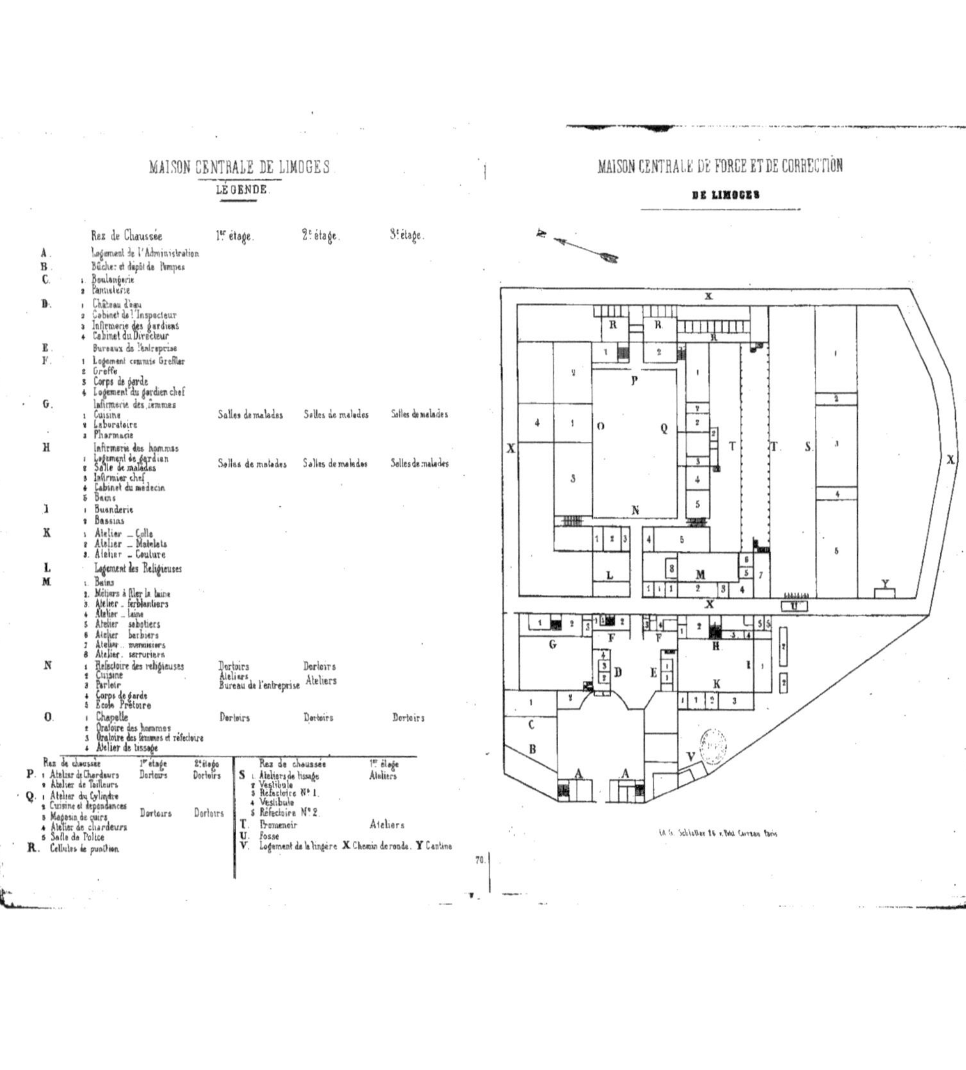

Imp. G. Schlumberger, 16 r. Petit Carreau, Paris

Cubage des habitations

Désignation des habitations	Nombre de lits ou d'habitans	Longueur.	Largeur.	Superficie.	Hauteur.	Cubage.	Cube d'air par habitans.	Observations.
Hommes.								
Dortoirs.								
Dortoir N.º 0 ..	8	10.00	3.30	33.00	3.30	108.90	13.61	
N.º 1 ..	36	18.85	6.80	128.18	3.40	435.81	12.10	
N.º 2 ..	34	17.10	6.25	106.87	3.40	363.37	10.68	
N.º 3 ..	2	10.00	2.80	28.00	3.45	96.60	48.30	
N.º 4 ..	15	10.60	5.10	54.06	3.40	183.80	12.25	
N.º 5 ..	10	6.00	4.50	27.00	3.30	89.10	8.91	
N.º 6 ..	33	17.40	5.60	97.44	3.20	311.80	9.44	
(Gardiens) N.º 7 ..	6	7.50	6.30	47.25	3.20	151.20	25.20	
N.º 8 ..	25	17.00	5.50	93.50	3.40	317.90	12.71	
N.º 10 ..	75	21.30	10.00	213.00	4.40	937.20	12.49	
N.º 11 ..	36	18.85	6.80	128.18	3.20	410.17	11.39	
N.º 12 ..	30	17.10	6.25	106.87	3.20	342.00	11.40	
N.º 14 ..	14	10.60	5.10	54.06	3.10	167.53	11.97	
N.º 15 ..	8	6.00	4.50	27.00	2.80	75.60	9.45	
N.º 16 ..	4	5.80	4.80	27.86	2.80	77.95	19.48	
N.º 17 ..	26	17.40	5.80	100.92	2.80	282.57	10.86	
N.º 18 ..	6	5.50	5.30	29.35	2.80	81.62	13.60	
N.º 19 ..	30	17.20	6.00	103.20	2.80	288.96	9.63	
N.º 20 ..	16	7.70	6.40	49.28	3.00	147.84	9.24	
N.º 21 ..	144	43.90	10.00	439.00	3.90	1,729.66	12.01	
N.º 22 ..	118	43.30	10.00	433.00	3.45	1,493.85	12.65	
Vieillards	25	13.20	5.40	71.28	3.80	270.86	10.83	
Isolés	4	6.90	3.50	24.15	3.30	91.02	22.75	
Moyenne des dortoirs	705					8,455.36	11.98	
Infirmeries.								
Salle ... N.º 1 ..	11	9.40	6.60	62.04	3.40	210.93	19.17	
N.º 2 ..	11	9.00	6.60	59.40	3.40	191.96	17.45	
à reporter ..	22					402.89	36.62	

suite du Cubages des habitations.

Désignation des habitations.	Nombre de lits ou d'habitans.	Longueur.	Largeur.	Superficie	hauteur	Cubage.	Cube d'air par individu.	Observations.
Report..	22					402.89	36.62	
Infirmeries (suite)								
N° 3 ..	10	6.60	6.20	40.92	3.50	143.22	14.32	
N° 4 ..	11	9.00	6.60	59.40	3.50	192.40	17.49	
N° 5 ..	9	6.60	6.00	39.60	2.50	99.00	11.00	
N° 5bis.	3	6.60	3.00	19.80	2.50	49.50	16.50	
N° 6 ..	12	9.00	6.60	59.40	2.50	148.50	12.37	
N° 7 ..	18	16.80	4.80	80.64	3.40	274.17	15.17	
Sᵗ Paul....	9	7.80	4.80	33.44	3.40	127.29	14.14	
Cabinet Sᵗ Paul....	9	5.00	4.80	24.00	3.40	81.60	9.16	
Salle d'attente....	12	6.60	6.20	40.92	3.50	143.22	11.93	
Moyenne des Infirmeries	115					1,661.79	14.44	
Ateliers.								
Tisserands , N° 1..	63	28.90	11.00	317.90	3.60	1,144.44	18.16	
N° 2..	66	28.90	11.00	317.90	3.50	1,112.65	16.85	
N° 3..	79	28.90	11.00	317.90	3.40	1,080.86	13.67	
N° 4..	56	28.90	11.00	317.90	3.40	1,080.86	19.30	
N° 5..	61	28.90	11.00	317.90	4.40	1,398.76	22.93	
Palmiers......	70	24.80	7.10	176.08	5.00	880.40	12.57	
Cordonniers....	105	27.00	7.10	191.70	5.00	958.50	9.12	
Fouleurs, N° 1..	6	8.00	6.00	48.00	4.00	180.00	30.00	
N° 2..	4	7.60	5.50	41.80	5.00	209.00	52.25	
Serruriers......	12	19.00	5.50	104.50	3.00	313.50	26.12	
Trameurs......	35	15.00	4.70	70.50	3.80	305.90	8.74	
Cylindreurs....	4	8.00	5.40	43.20	3.80	164.16	41.04	
Tonneliers....	3	5.00	5.00	25.00	2.40	60.00	20.00	
Sabotiers......	3	4.80	4.00	19.20	3.00	54.60	18.20	
Lampistes....	2	4.80	4.00	19.20	2.20	40.04	20.02	
Menuisiers....	3	10.00	3.90	39.00	4.50	175.50	58.50	
Ourdisseurs....	2	4.80	3.80	18.24	3.30	60.19	30.09	
9 Cellules.....	1	3.40	2.10	7.14	2.90	20.70	20.70	

Suite du Cubage des habitations.

Désignation des habitations.	Nombre de Lits ou d'habitants.	Longueur	Largeur	Superficie	Hauteur	Cubage	Cube d'air par Individu.	Observations
10 Cellules	1	2. 60	1. 90	4.94	3. 00	14. 82	14. 82	
Réfectoire N° 1	327	29. 60	11, 30	334.48	4. 90	1,687. 95	5. 16	
d° N° 2	327	29. 60	11, 30	334.48	4. 90	1,687. 95	5. 16	
d° Vieillards . .	40.	9. 20	6, 30	57. 96	3. 80	220. 24	5. 50	
École	100	17. 30	7, 60	131.48	4. 00	525. 92	5. 25	
Chapelle	700	21. 00	10. 00	210. 00	3. 80	798. 00	1. 14	
Femmes								
Dortoirs.								
Dortoir N° 1	84	26,00	9. 10	236. 60	4. 40	1,041. 04	12.39	
" N° 2	84	26,00	9. 10	236.60	3. 90	922. 74	10. 98	
" N° 3	80	26,00	9. 10	236.60	3. 00	709. 80	8. 87	
Moyenne des Dortoirs	248					2,673,58	10.78	
Infirmeries.								
Salle N° 1	13	11. 00	6. 60	72. 60	3. 40	246. 84	18. 98	
" N° 2	7	6. 60	4. 40	29. 04	3. 40	98. 73	14. 10	
" N° 2 bis . . .	9	6. 60	5. 50	36. 30	3. 40	133. 62	14. 84	
" N° 3	14	10. 00	6. 50	65. 00	3. 40	208. 00	14. 85	
" N° 4	6	6. 60	4. 40	29. 04	3. 40	98. 73	16. 45	
" N° 4 bis	10	6. 60	5. 50	36. 30	3. 40	123. 42	12. 34	
Moyenne des Infirmeries	59					909. 34	15. 41	
Ateliers.								
Gantières N° 1	25	8. 00	6. 80	54. 40	3. 30	179. 52	7. 18	
" N° 2	80	16. 50	6. 80	112. 20	3. 30	370. 26	4. 62	
Palmières	80	11. 40	6. 80	76. 52	3. 30	255. 81	3. 19	
Tissage	18	12. 00	10. 00	120. 00	3. 90	468. 00	26. 00	
Tramage	30	11. 00	6, 00	66. 00	3. 90	257. 40	8. 58	
Couturières	30	8. 40	4. 30	36. 12	3. 35	121. 00	4. 03	
Impropres	20	12. 00	10. 90	130. 80	4. 50	588. 60	29. 43	
École	40	8. 00	6. 85	54. 80	3. 30	180. 84	4. 52	
Réfectoire Chapelle	270	26. 00	9. 10	236. 60	4. 00	946. 40	3. 50	

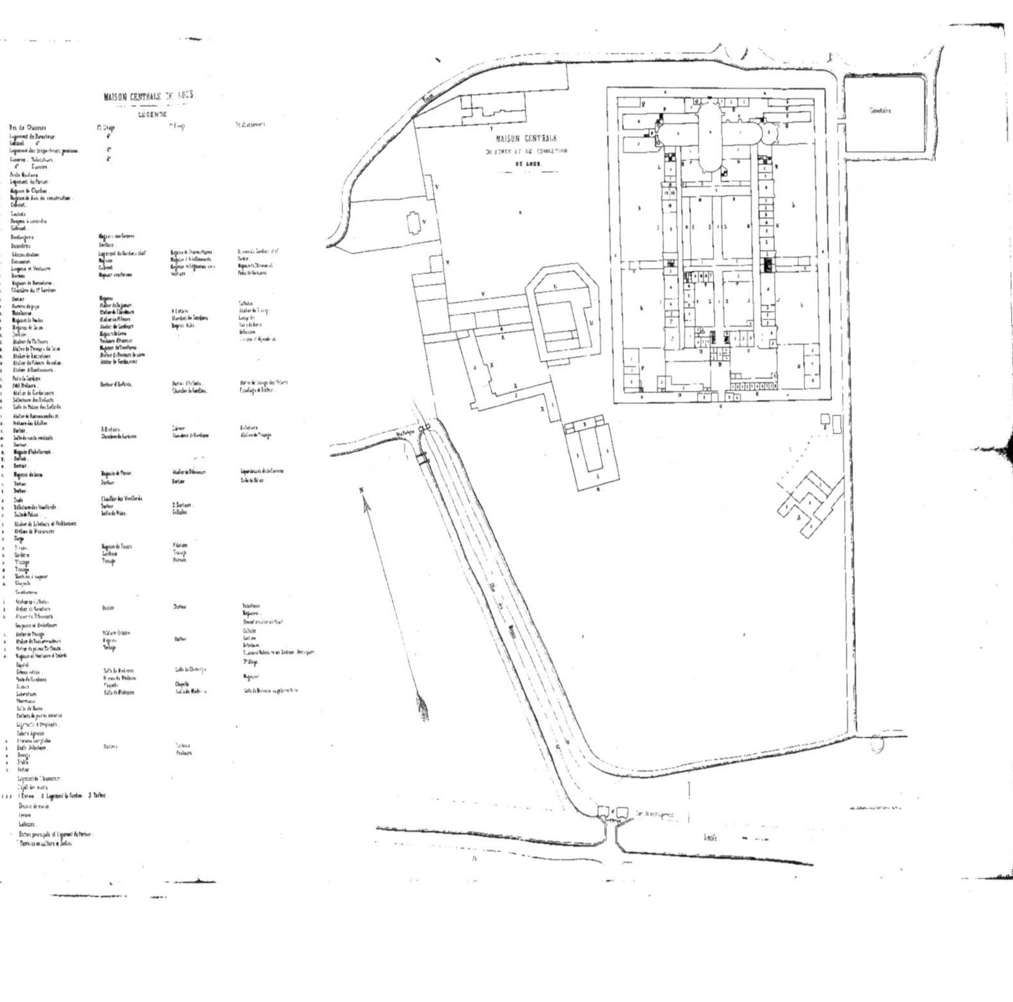

MAISON CENTRALE DE LOOS.

LÉGENDE

Maison Centrale de force et de correction de Loos.

Cubage des habitations.

Désignation des habitations	Nombre de lits ou d'habitans	Longueur	Largeur	Superficie	hauteur	Cubage	Cube d'air par individu	Observations
Adultes.								
Dortoirs:								
Dortoir Nº 1	89	38.95	6.60	257.07	2.90	745.50	8.26	
Nº 2	75	38.95	4.90	190.85	2.90	553.48	7.37	
Nº 3	87	43.60	5.60	244.16	2.96	708.06	8.13	
Nº 4	120	39.85	9.60	382.56	2.96	1,132.38	9.43	
Nº 5	125	43.82	7.80	341.79	2.88	984.37	7.87	
Nº 6	97	44.33	7.20	319.17	4.83	1,521.62	15.68	
Nº 7	84	44.33	4.63	205.24	4.83	991.35	11.80	
Nº 7 bis	82	44.75	4.68	209.43	5.04	1,055.52	12.87	
Nº 8	12	6.15	4.67	29.27	5.45	159.54	13.29	
Nº 9	19	7.32	6.15	45.01	5.37	241.77	12.72	
Nº 10	31	6.15	10.82	66.54	4.98	331.28	10.68	
Nº 11	15	6.15	6.15	37.82	3.87	146.37	9.75	
Nº 12	10	6.15	3.83	23.56	3.87	91.16	9.11	
Nº 13	90			268.95	4.74	1,273.84	14.15	
Nº 14	67				3.70	624.14	9.31	
Nº 15	90					1,358.97	15.09	
Nº 16	90					1,127.46	12.52	
Nº 17	10	6.15	4.25	26.13	5.37	140.36	14.03	
Nº 18	70	28.48	6.83	194.51	5.11	993.99	14.19	
Nº 19	60	15.20	11.74	178.44	2.93	522.85	8.71	
Nº 20	48					459.52	9.57	
Moyenne des Dortoirs	1,371					15,163.53	11.06	
Infirmeries.								
Salle Sᵗ Luc	12					199.06	16.58	
Sᵗ Charles	32					404.37	12.63	
Sᵗᵉ Marie	33					510.27	15.46	
à Reporter	77					1,113.70		

Cubage des habitations.

Désignation des Habitations	Nombre de lits ou d'habitans	Longueur	Largeur	Superficie	Hauteur	Cubage	Cube d'air par Individu	Observations
Report..	77					1,113.70		
Infirmeries (suite)								
St. Vincent....	30	.	.	.	.	610.32	20.34	
Enfants								
No. 1..	13	.	.	.	.	232.99	17.92	
No. 2..	5	.	.	.	.	79.56	15.91	
No. 3..	7	.	.	.	.	112.12	16.01	
Moye. des Infirmeries.	132	.	.	.	.	2,148.69	16.28	
Ateliers.								
Tailleurs......	51	.	.	.	.	599.13	11.74	
Peigneurs.....	58	.	.	.	.	429.64	7.40	
Eplucheurs....	166	28.89	7.90	228.22	4.93	1,125.18	6.77	
Cordonniers....	22	10.78	4.62	49.80	4.97	247.71	11.26	
Batteurs.......	35	17.00	7.03	119.51	4.96	592.78	16.93	
Bonnetiers.....	53	31.44	6.88	216.30	5.13	1,109.62	20.93	
Calicotiers.. No. 4..	48	.	.	.	.	1,084.55	22.60	
Fileurs de laine..	25	.	.	.	.	999.85	39.98	
Calicotiers. No. 3..	47	19.10	12.00	229.20	4.73	1,084.12	23.07	
Filature, No. 1..	50	19.10	12.00	229.20	4.81	1,102.45	22.04	
No. 2..	21	.	.	.	.	1,316.03	62.66	
No. 3..	23	.	.	.	.	1,211.38	52.66	
Bobineurs......	50	14.42	9.30	134.10	2.80	375.50	7.51	
Dévidoirs, No. 1..	9	15.18	3.42	51.91	3.44	173.69	19.84	
No. 2..	7	10.45	3.95	41.27	2.73	112.69	16.09	
Calicotiers, No. 1..	66	23.96	9.93	237.92	3.55	844.63	12.79	
No. 2..	76	24.05	9.96	239.53	3.97	950.97	12.55	
Jacquards, No. 1..	30	24.05	9.96	239.53	3.58	857.55	28.58	
No. 2..	30	24.05	9.96	239.53	3.58	857.55	28.58	
No. 7..	inoccupé	44.70	4.25	189.97	4.91	932.78	"	

Loos.

Cubage des habitations.

Désignation des habitations.	Nombre de lits ou d'habitans.	Longueur.	Largeur.	Superficie.	Hauteur.	Cubage.	Cube d'air par individu.	Observations.
Ateliers.								
Tuiliers	inoccupé.	.	.	.	.	1,084.55	"	
Tisserands	30	.	.	.	.	496.69	16.54	
Jeunes Tisserands . . .	60	.	.	.	.	496.69	8.27	
Réfectoires.								
Sud	600	.	.	.	.	852.36	1.42	
Nord	600	.	.	.	.	767.95	1.27	
Enfants.								
Dortoirs								
N° 1 . .	68	37.00	4.80	177.60	4.66	827.62	12.17	
N° 2 . .	56	30.03	6.43	193.09	4.93	951.93	16.99	
N° 3 . .	65	.	.	.	.	864.33	13.20	
N° 4 . .	23	.	.	.	.	195.40	8.50	
N° 5 . .	34	.	.	.	.	350.27	10.30	
N° 6 . .	14	.	.	.	.	139.05	9.21	
Moyenne des Dortoirs .	260					3,328.60	12.80	

MAISON CENTRALE

DE FORCE ET DE CORRECTION

DE

MELUN.

(Seine & Marne.)

MAISON CENTRALE DE MELUN.

LÉGENDE.

	Soubassement	Rez-de-chaussée	1er Étage	2ème Étage	Comble
A.		Logement du Portier.			Grenier perdu.
B.		Économat.			Grenier perdu
C.		Corps de Garde des militaires et Bûcher.			d°.
D.		Lieux d'aisances.			d°.
E.	Caves.	Greffe, Archives, Cabinet du Directeur Bureau de l'Insp.t, Bureau de l'Agent comptable, Escalier de l'Inspecteur.	Logement de l'Inspecteur.		Grenier.
F.	Caves.	Boulangerie, Saunaterie, Dépense et Entrée de la cuisine.	Magasins à farines et Légumes secs.	d° Farines et Légumes secs.	Magasin mansarde.
G.	Caves.	Cuisine.	Dortoirs.	Dortoirs.	Dort. mans.n et grenier au dessus.
H.		Passage, Salle d'attente du Parloir, Corps de garde et Bureau des Écrivains.	Logement du Gardien chef.		Grenier perdu.
I.		Parloir et Magasin des Gardiens.			d°.
J.		Cuisine des Gardiens et Offices.	Réfectoire.		d°.
K.		Petits Ateliers de la Régie, Dépôt des Lampes et Bureau du Gardien-chef.			d°.
L.		Magasin de Pompe.			
M.	Magasin.	Magasin et Atelier de la Lingerie, Dépôt des Matelas, Prétoire, École et Bibliothèque.	Dortoirs.	Dortoirs.	Dortoirs mansardés et Grenier au dessus.
N.	Chauffoir.	Réfectoire, Chapelle et Sacristie.	Ateliers.	d°.	d°.
O.	Ateliers.	Ateliers et Poste central des Gardiens.	d°.	Ateliers.	d°.
P.		Ateliers.			
Q.		Ateliers.	Ateliers.		Greniers.
R.		Couloir avec cabanons, Salle des séquestrés, Corps de garde des Gardiens et quartier des Cellules.	d°.		Grenier perdu.
S.		Débarras.	Chambres des Gardiens.		d°.
T.		Salle des Autopsies.			d°.
U.		Magasin de Pompe.			
V.		Corps de garde de l'Infirmerie.			Grenier perdu.
W.		Galerie couverte.	Dortoir des Gardiens.		d°.
X.		Laboratoire, Pharmacie, Infirmerie des Gardiens, Chapelle mortuaire et Lieux d'aisances.	Salle des Malades et Latrines.	Salle des Malades et Latrines.	Salle des Malades et Latrines.
Y.		Salle célibataires, Salle des Vieillards et Lieux d'aisances.	d°.	d°.	d°.
Z.		Corps de garde des Matelassiers.			Grenier perdu.
1.	Em.t des Fourn.x et Chaud.	Buanderie.	Chemin de jard. et sechoir à air chaud.		Gaines de ventilation.
2.		Hangar de l'étendage à l'air libre.			

MAISON CENTRALE
DE FORCE ET DE CORRECTION
DE MELUN.

Ile de la Courtille.

Petit Bras de la Seine

Grand Bras de la Seine

Quai de la Courtille

Rue de la Courtille

Église
Notre Dame.

Place Notre Dame.

Maison Centrale de force et de correction de Melun.

Cubage des habitations.

Désignation des habitations.	Nombre de lits ou d'habitans	Longueur.	Largeur.	Superficie	Hauteur.	Cubage.	Cube d'air par Individu.	Observations.
Dortoirs.								
Dortoir N° 1	54	22.00	7.20	158.40	3.35	530.64	9.82	
N° 2	12	7.30	5.40	39.42	3.32	130.87	10.90	
N° 3	54	24.05	7.25	172.36	3.35	584.11	10.81	
N° 4	90	28.40	9.10	258.44	3.30	852.85	9.47	
N° 5	14	9.04	4.05	36.62	3.20	117.15	8.36	
N° 6	90	27.80	9.10	252.98	3.35	847.48	9.41	
N° 7	60	22.00	7.30	160.60	3.20	513.92	8.56	
N° 8	14	7.20	5.30	38.16	3.15	120.20	8.58	
N° 9	60	22.00	7.30	160.60	3.10	497.86	8.29	
N° 10	36	10.10	8.50	85.85	3.70	317.64	8.85	
N° 11	62	22.00	7.50	165.00	3.65	602.25	9.71	
N° 12	14	7.70	5.40	41.58	3.70	153.84	10.98	
N° 13	62	22.00	7.60	167.20	3.80	635.36	10.25	
N° 14	90	27.30	9.30	253.89	3.70	939.39	10.43	
N° 15	12	9.30	4.00	37.20	3.75	139.50	11.62	
N° 16	90	28.40	9.30	264.12	3.70	977.24	10.85	
N° 17	62	22.00	7.50	165.00	3.65	602.25	9.70	
N° 18	14	7.70	5.30	40.81	3.65	148.95	10.63	
N° 19	62	21.90	7.65	167.53	3.65	611.51	9.86	
Moyenne des Dortoirs.	952					9,323.01	9.79	
Cellules.								
4 Cellules	1	2.90	2.00	5.80	3.00	17.40	17.40	
16 Cellules	1	3.60	3.60	9.96	3.85	43.41	43.41	
4 Cellules	1	2.40	1.12	2.68	2.10	5.64	5.64	
22 Cellules	1	2.05	1.30	2.66	2.20	5.86	5.86	
Infirmeries								
7 Salles	14	17.35	6.80	117.98	3.65	430.62	30.75	

Melun.

Cubage des habitations.

Désignation des habitations.	Nombre de lits ou d'habitans.	Longueur.	Largeur.	Superficie.	Hauteur.	Cubage.	Cube d'air par individu.	Observations.
Réfectoire: Chapelle.	950	56.20	11.00	618.20	3.30	2,040.06	2.14	
Ateliers:								
Parapluies......	41	21.40	6.40	136.96	3.50	479.36	11.69	
Boutons......	78	30.95	9.00	278.55	3.40	947.07	15.94	1,243.55
		13.00	4.20	54.60	3.70	202.02		
		4.60	5.55	25.53	3.70	94.46		
Ébénisterie 1..	62	30.00	9.90	297.00	3.45	1,024.66	23.07	1,740.99
2..		31.70	6.55	207.63	3.45	716.33		
Chaussure......	91	18.40	9.20	169.28	3.35	567.08	6.23	
Quincaillerie....	118	22.00	9.00	198.00	3.50	693.00	13.10	1,545.93
		17.00	9.00	153.00	2.43	371.79		
		22.00	9.00	198.00	2.43	481.14		
Peignes......	73	22.00	9.00	198.00	3.40	673.20	13.89	914.05
		15.40	4.60	70.84	3.40	240.85		
Tissage 2 ateliers.	84	49.90	9.00	449.10	3.70	1,688.34	20.19	
Tailleurs......	54	20.00	9.20	184.00	3.30	607.00	11.24	
Chausson......	97	27.75	11.00	305.25	2.40	732.60	7.55	
Cordonnerie.....	33	10.30	8.40	86.52	3.40	294.16	8.91	
Chausson......	81	21.40	9.00	197.10	3.40	670.14	8.27	
Porte-monnaie...	40	23.00	5.70	131.10	4.10	537.51	20.32	833.10
		18.90	4.60	86.94	3.40	295.59		
Ébénistes meubles...	34	45.40	6.10	276.94	4.00	1,107.76	32.53	

MAISON CENTRALE

DE FORCE ET DE CORRECTION

DE

MONTPELLIER.

(Hérault)

MAISON CENTRALE DE MONTPELLIER

LÉGENDE.

	Rez-de-Chaussée	1ᵉʳ Étage.	2ᵉ Étage
A.	1. Galerie Réfectoire		
	2. Vestibule		
	3. Latrines		
	4. Greffe	Atelier	
	5. Cabinet de l'Inspecteur	de Couture	Dortoir
	6. Cabinet du Directeur	fine.	
	7. Corps de garde		
	8. Prétoire		
	9. Parloir des Sœurs		
	10. Cuisine	Logᵗ des	
	11. Bains	Sœurs.	
B.	1.		
	2.	Logement du	Logement de
	3. Magasin de vivres	Directeur.	l'Inspecteur.
	4. Temple protestant		
C.	1. Comptoir de l'Entreprise		
	2. Lingerie	Dortoir	Dortoir
	3. Buanderie		
D	1. Cantine	Chapitre des Sœurs.	
	2. Magasin		
E.	1. Galerie Réfectoire		
F.	1. Galerie Réfectoire		
	2. Atelier	Dortoir	
	3. Magasins		
	4. Corvée	Couloir	
	5. Chapelle		
	6. Magasins de l'Entreprise	Dortoir.	
G	1. Galerie Réfectoire		
	2. Atelier de Tissage	Atelier de Couture	Dortoir.
	3. Atelier supplémentaire	militaire.	
	4. Dortoir supplémentaire		
H.	1. Logement Gardien-chef	Chambre et	
	2. Boulangerie et Magasins	Magasins.	
J	1. Atelier de Tissage	Lingerie Vestiaire	
	2. Cellules	Salle de convalescentes	
	3. Chapelle	Salle de Chirurgie	
	4. Fontaine	Salle de Maternité	
		Pharmacie Laboratoire.	
		Cuisine	
		Salle de Médecine	
		Chambre des Sœurs.	

MAISON CENTRALE
DE FORCE ET DE CORRECTION
de MONTPELLIER.

Cubage des habitations.

Désignation des habitations.	Nombre de lits ou d'habitants	Longueur.	Largeur.	Superf.ᵉ	Hauteur.	Cube d'air.	Cube d'air par Individu.	Observations.
Dortoirs.								
Dortoir. N.º 1..	84	26.65	10.75	286.48	4.30	1,231.86	14.65	
N.º 2..	88	27.30	10.45	285.28	3.56	1,015.60	11.54	
N.º 3..	64	20.00	11.15	223.00	4.10	914.30	14.29	
N.º 4..	57	23.30	7.85	182.90	3.61	660.27	11.58	
N.º 5..	66	27.70	7.90	218.83	3.88	849.06	12.86	
N.º 6..	57	23.50	7.00	164.50	3.75	616.88	10.82	
N.º 7..	54	22.90	6.95	159.16	3.40	541.14	10.02	
N.º 8..	20	12.00	5.78	69.36	4.60	319.06	15.95	
N.º 9..	12	7.00	6.60	46.20	3.02	139.52	11.62	
N.º 10..	13	8.00	5.06	40.48	3.28	132.77	10.21	
N.º 11..	15	8.40	5.05	42.42	3.75	159.08	11.36	
N.º 12..	20	13.95	6.80	94.86	5.00	474.30	21.56	
Moyenne des Dortoirs	552					7,053.84	12.77	
Infirmeries.								
Convalescents ...	8	5.20	6.25	32.50	4.60	149.50	18.68	
Chirurgie, N.º 1..	15	14.90	6.25	93.13	4.60	428.40	28.56	
d.º N.º 2..	3	3.35	6.25	20.94	4.60	96.31	32.10	
Médecine	26	24.00	6.25	150.00	4.60	690.00	26.53	
Moyenne des Infirmeries.	52					1,364.21	26.23	
Ateliers.								
Tissage, N.º 1..	36	15.55	6.62	103.59	4.55	471.33	13.09	
N.º 2..	5	6.90	5.90	40.71	4.60	187.26	37.45	
N.º 3..	5	6.20	4.90	30.38	4.60	139.75	27.95	
N.º 4..	16	31.75	5.98	189.87	4.50	854.37	53.40	
Couture	200	27.00	10.40	280.80	3.57	1,002.46	5.01	
Réfectoire	564	123.90	3.10	381.09	4.75	1,810.18	3.20	
École	106	16.15	5.98	96.57	4.50	434.56	4.08	
Chapelle	564	19.00	3.00	247.00	7.10	1,753.70	3.10	

MAISON CENTRALE

DE FORCE ET DE CORRECTION

DU

MONT-S?-MICHEL.

(Manche.)

MAISON CENTRALE DU MONT-SAINT-MICHEL.

LÉGENDE.

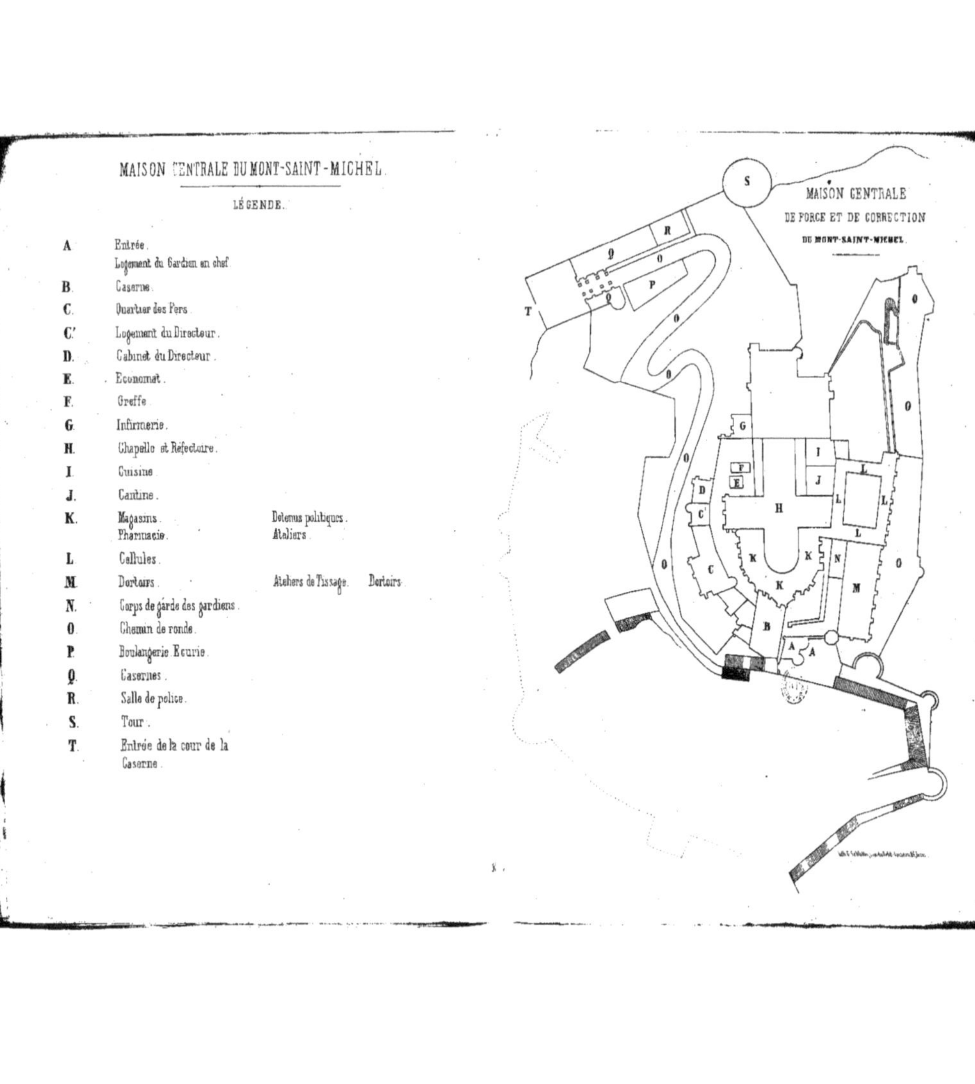

A	Entrée.		
	Logement du Gardien en chef		
B.	Caserne.		
C.	Quartier des Fers.		
C'	Logement du Directeur.		
D.	Cabinet du Directeur.		
E.	Economat.		
F.	Greffe		
G.	Infirmerie.		
H.	Chapelle et Réfectoire.		
I.	Cuisine.		
J.	Cantine.		
K.	Magasins.	Detenus politiques.	
	Pharmacie.	Ateliers.	
L	Cellules.		
M.	Dortoirs.	Ateliers de Tissage.	Dortoirs.
N.	Corps de garde des gardiens.		
O.	Chemin de ronde.		
P.	Boulangerie Ecurie.		
Q.	Casernes.		
R.	Salle de police.		
S.	Tour.		
T.	Entrée de la cour de la Caserne.		

Cubage des habitations.

Désignation des habitations	Nombre de lits ou d'habitans.	Longueur.	Largeur.	Supe	Hauteur.	Cubage.	Cube d'air par Individu	Observations.
Dortoirs.								
Civils N.º 1..	100	30.40	9.90	300.96	2.80	842.68	8.42	
N.º 2..	100	30.40	9.90	300.96	2.90	872.78	8.72	
N.º 3..	100	30.00	9.80	294.00	2.80	823.20	8.23	
N.º 4..	100	30.00	9.80	294.00	2.75	808.50	8.08	
N.º 5..	57	20.00	10.30	206.00	3.80	782.80	13.73	
N.º 6..	49	20.00	8.80	176.00	2.50	440.00	8.98	
Politiques.....	25	12.50	8.50	106.25	3.80	403.75	16.15	
Militaires N.º 1..	15	9.40	3.85	36.19	2.80	101.33	6.75	
N.º 2..	16	8.80	5.30	46.64	2.70	125.92	7.87	
N.º 2 bis.	6	5.30	5.10	27.03	2.60	70.27	11.71	
N.º 3..	15	8.00	5.30	42.40	2.40	101.76	6.78	
N.º 4..	10	5.40	5.25	28.35	2.40	68.40	6.84	
N.º 4 bis.	5	4.25	3.70	15.72	3.00	47.11	9.41	
N.º 5..	3	4.60	3.00	13.80	2.50	34.50	11.50	
N.º 6..	14	9.95	4.00	39.80	3.30	131.34	9.38	
N.º 7..	7	6.00	3.00	18.00	2.70	48.60	6.94	
N.º 8..	5	4.65	3.00	13.95	2.70	37.66	7.53	
N.º 9..	4	4.65	3.20	14.88	2.70	39.97	9.99	
N.º 10..	6	6.07	3.20	19.42	2.90	61.88	10.31	
N.º 11..	5	4.70	3.00	14.10	3.00	42.30	8.46	
N.º 12..	5	4.90	3.00	14.70	3.00	44.10	8.82	
N.º 13..	13	9.70	4.70	45.59	3.95	180.10	13.86	
N.º 13 bis.	5	5.50	3.30	18.15	3.80	68.97	13.79	
N.º 15..	10	13.80	3.60	59.68	2.90	144.72	14.47	
Moyenne des Dortoirs.	675					6,322.64	9.36	
Infirmeries.								
Militaires, N.º 1	15	9.60	3.80	36.48	5.40	196.99	13.13	
Civils et Politiques, N.º 2	16	12.75	6.25	79.68	3.60	286.87	17.92	
Civils, N.º 3	18	12.00	6.00	72.00	2.80	223.12	12.39	
Moyenne des Infirmeries	49					706.98	14.43	
Ateliers.								
Tisserands....	43	17.00	7.00	119.00	3.00	357.00	8.30	

MAISON CENTRALE

DE FORCE ET DE CORRECTION

DE

NÎMES.

(Gard.)

MAISON CENTRALE DE NÎMES.
LÉGENDE.

		Rez-de-Chaussée	1er Étage	2e Étage	Soubassement
A.		Corps de garde de l'officier et des soldats.			
B.		Logement du Portier.	Logement.		
C.	1.	Logement Gardien-chef.			
	2.	Magasin farine.	Pas de 1er Étage.		
D.		Boulangerie.	Pas de 1er Étage.		
E.	1.	Log.t 2e Portier.	Log.t du Directeur	Log.t du Directeur.	
	2.	Pompe à Incendie.			
F.	1.	Parloir.	3 Chambres de gardiens.	2 Chambres de gardiens.	
	2.	Bureau de l'Entreprise. (au centre)	Magasin de l'Entreprise.	Mag.in de Vêtem.ts des détenus (au centre)	
	3.	Tissage de coton N°1.	Pom. de terre.	1 Partie du Dortoir de la 4e Section.	
G.	1.	Corps de garde des gardiens.	Dortoir de la 4e Section.	Dortoir de la 4e Section.	
		Dépôt d'eau et Corps de garde pour la garnison.			
	3.	Atelier Tiss. coton N°5 en projet.			
HH.	1.	Atelier Tissage de coton.	Tissage de soie.	Pas d'étage	Cardeurs de frisons
	2.	Réfectoire 2e Section.			
II.	1.	Épluchage de frisons.	Dortoir de la 1re Section.	Pas d'étage.	Cardeurs de frisons.
	2.	Réfectoire 1re Section.			
J.	1.	Cabinet Directeur.	Logem.t sous traitant.	Mag.s d'approvisionnem.t de l'Entreprise.	
	2.	Greffe.	Tissage de coton	Vêtements de détenus.	
	3.	Prétoire et Salle d'attente.	Bureau Agent comptable. Inoccupé (Ancien log.t des employés)	Magasins. Inoccupés.	
K.	1.	Magasin.	Magasins de l'entreprise et des sous-traitants.	Lingerie et Atelier de Couture et de Confection	
	2.	Office.			
	3.	Cuisine.			
	4.	Dépendances de la cuisine.			
	5.	Cellules.			
L.	1.	Cantine.	Dortoir 3e Section	Atelier des Cordonniers.	Cardeurs de frisons.
	2.	Forge.		Atelier de Sacs Militaires.	
	3.	Cellules.			
	4.	Réfectoire.	½ Dortoir. 5e Section.		
M.	1.	Bureau du Gardien-chef.	Chambre de Gardien.	2 Ateliers de Tailleurs.	Magasins de frisons.
	2.	Barbiers.	Petit dortoir.		
	3.	Tissage de draps.			
	4.	Cellules.			
	5.	Réfectoire.	½ Dortoir. 3e Section.		
N.	1.	Chapelle catholique.	Pas d'étage.		
O.	1.	Synagogue.			
	2.	Cabinet de l'Aumônier et du Pasteur.	École.		
	3.	Salle de Pansements.			
	4.	1 Chambre.			
	5.	Temple Protestant.			
P.	1.	Salle des Vieillards.			
	2.	Magasin de Pharmacie.			
	3.	d.o de Lingerie.	1 Salle d'Infirmerie.		
	4.	Bains.	Subdivisée en 2 de chaque 30 lits. Salles supplémentaires.	Pas d'étage.	
	5.	Fourneau des Bains et Passage.			
	6.	Salle d'Autopsie.			
	7.	Magasin de Charbon.			
	8.	Latrines.			
	9.	Cuisine.			
	10.	Pharmacie et Laboratoire.			
Q.	1.	Tissage.	Atelier de Tiss. coton 3.		
	2.	Réfectoire 5e Section.	1 Chambre.		
R.		Magasin Fourrage et Paille.			
S.		Approvisionnements de l'Entreprise.			

T. Préaux. U. Chemin de ronde. V. Étendage. X. Puits. Y. Latrines.

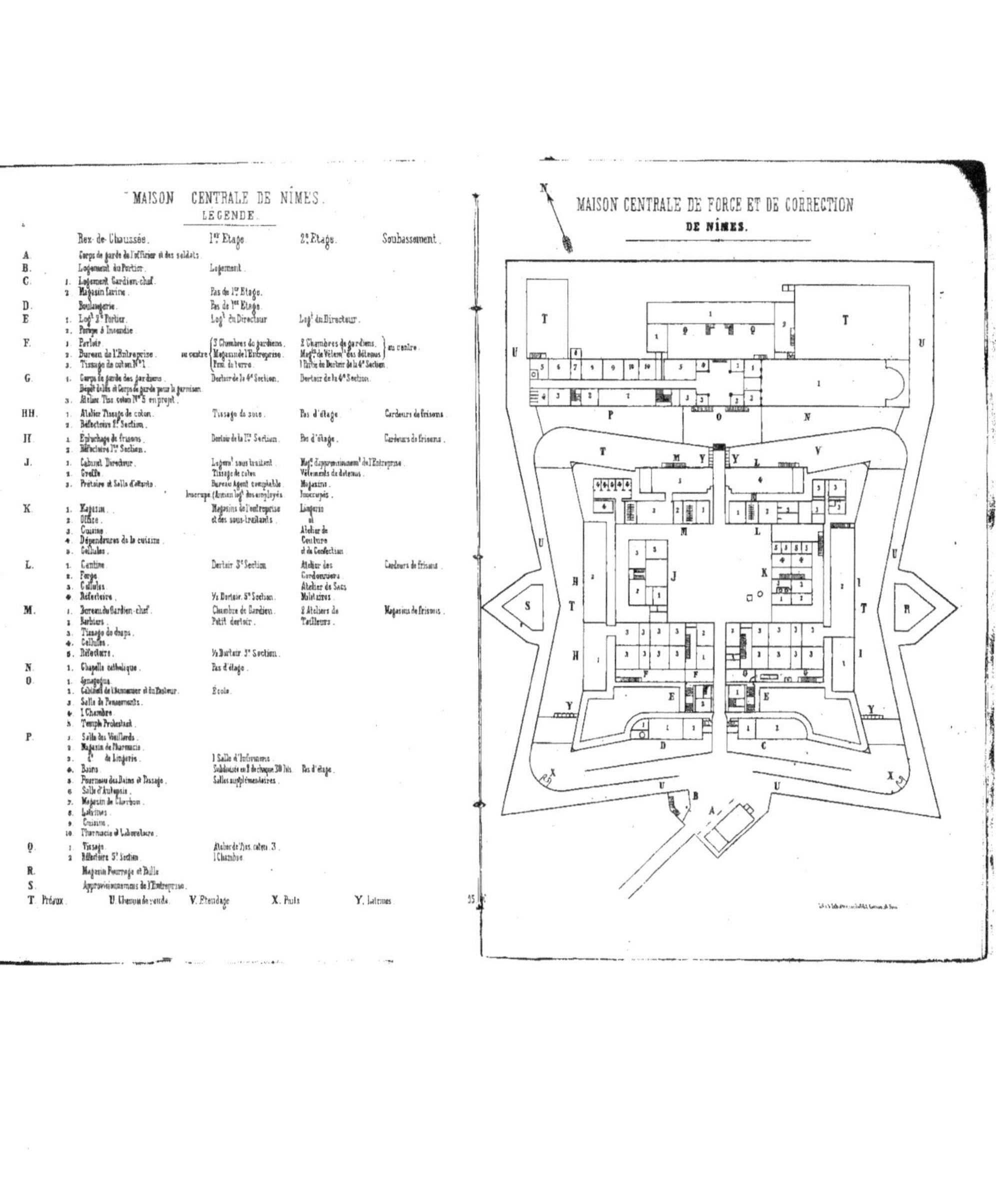

Cubage des habitations.

Désignation des habitations.	Nombre de lits ou d'habitans.	Longueur.	Largeur.	Superficie.	Hauteur.	Cube d'air.	Cube d'air par Individu.	Observations.
Dortoirs.								
1ère Section. — Gd dortoir..	121	57.81	7.66	442.82	3.53	1,585.29	13.10	
Terrasse...	113	37.27	10.22	380.89	3.72	1,416.91	12.53	
Arceaux...	84	26.34	13.23	348.47	3.39	1,181.31	14.06	
2e Section. — Taffetas...	122	36.87	10.41	383.81	3.84	1,474.13	11.38	
Arceaux..	110	25.90	13.02	337.21	3.40	1,146.43	10.21	
3e Section. — Gd dortoir...	136	53.21	8.82	469.31	3.45	1,619.11	11.90	
Arceaux...	86	28.54	10.27	293.10	3.25	952.57	11.08	
Carré.....	33	15.67	6.60	103.42	3.62	374.38	11.34	
4e Section. — N° 4.....	110	23.93	13.12	313.96	2.85	969.85	8.55	
N° 5.....	110	24.00	13.00	312.00	3.12	973.43	8.64	
Chambrettes.	26	13.15	5.72	75.21	2.90	218.31	8.19	
5e Section......	150	53.17	11.06	588.06	3.66	2,152.93	14.15	
Vieillards......	37	21.32	5.80	123.65	4.00	494.91	13.17	
Moyenne des Dortoirs.	1,238					14,559.61	11.76	
Réfectoires. — N° 1..	300	39.85	6.90	274.96	3.66	1,006.35	3.35	
N° 2..	230	36.85	7.20	265.32	3.60	957.54	4.16	
N° 3..	230	24.20	7.36	178.11	3.68	416.68	3.21	
N° 4..	160	23.10	7.90	182.49	3.85	704.04	4.40	
N° 5..	160	18.33	7.66	140.70	3.82	538.64	3.36	
Chapelle Catholique.	1,040	49.33	13.94	687.66	9.79	6,731.38	6.47	
d° Protestante.	140	11.84	5.62	66.54	3.71	247.26	1.76	
Synagogue.....	13	8.67	7.85	68.06	4.06	276.80	21.29	
École........	140	13.45	13.94	187.49	4.43	831.71	5.94	
Ateliers.								
Cardage Frisons N° 1.	118	55.35	5.98	331.00	6.06	800.15	6.78	

Nîmes.

Suite du Cubage des habitations.

Désignation des habitations.	Nombre de lits ou d'habitants.	Longueur.	Largeur.	Superficie.	Hauteur.	Cube d'air.	Cube d'air par individu.	Observations.
Ateliers.								
Cardage frisons N°. 2..	132	57.43	5.90	333.09	5.88	769.63	5.83	
Épluchage de frisons..	40	12.93	6.76	87.41	6.39	233.46	5.83	
Tissage de Coton. { N°. 1..	58	50.70	7.94	402.65	3.78	1,525.27	26.29	
N°. 2..	44	36.05	7.94	286.59	3.39	971.82	22.08	
N°. 3..	71	30.70	8.57	263.20	3.38	891.72	12.55	
N°. 4..	55	117.84	4.17	491.39	3.52	1,730.67	29.86	
N°. 5..	52	60.00	7.73	463.80	3.54	1,642.31	33.28	
Tailleurs. { N°. 1..	60	15.80	7.30	115.34	3.55	421.91	7.03	
N°. 2..	10	15.07	4.55	68.59	3.36	251.10	25.11	
Cordonniers.....	100	43.41	5.27	228.86	3.38	876.76	8.76	
Havresacs......	35	7.68	7.48	57.45	3.69	211.99	6.05	
Bonnetiers.....	40	18.25	7.23	131.95	3.61	477.29	11.93	
Vannerie......	40	42.38	7.65	324.29	3.72	1,227.01	30.67	
Épluchage delaine.	80	22.75	6.55	149.01	6.57	386.34	4.82	
Lingerie......	30	8.35	9.48	79.15	2.98	236.26	7.37	
Menuiserie.....	25	15.67	6.66	104.36	3.95	412.75	16.51	

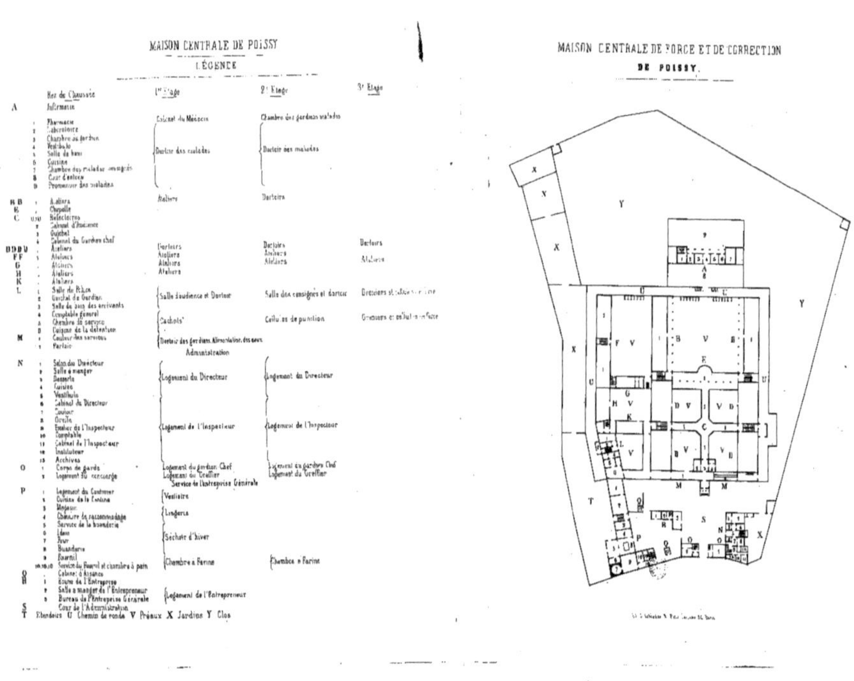

MAISON CENTRALE DE POISSY
LÉGENDE

		Rez de Chaussée	1er Étage	2e Étage	3e Étage
A		Infirmerie			
	1	Pharmacie	Cabinet du Médecin	Chambre des gardiens malades	
	2	Laboratoire			
	3	Chambre du gardien			
	4	Vestibule	Dortoir des malades	Dortoir des malades	
	5	Salle de bain			
	6	Cuisine			
	7	Chambre des malades enragés			
	8	Cour d'entrée			
	9	Promenoir des malades			
B B	1	Ateliers	Ateliers	Dortoirs	
E	2	Chapelle			
C	3.10	Réfectoires			
	2	Cabinet d'Audience			
	3	Guichet			
	4	Cabinet du Gardien chef			
D D D V		Ateliers	Parloirs	Dortoirs	Dortoirs
F F	5	Ateliers	Ateliers	Ateliers	Ateliers
G		Ateliers	Ateliers	Ateliers	
H		Ateliers	Ateliers		
K		Ateliers			
L	1	Salle de Police			
	2	Guichet de Gardien	Salle d'audience et Dortoir	Salle des consignes et dortoir	Dossiers et cellules ...
	3	Salle de bain des arrivants			
	4	Comptable général			
	5	Chambre de service	Cachots	Cellules de punition	Dossiers et cellules ...
	6	Cuisine de la détention			
M	1	Couloir des services	Dortoir des gardiens. Alimentation des eaux		
	2	Parloir			

Administration

		Rez de Chaussée	1er Étage	2e Étage
N	1	Salon du Directeur		
	2	Salle à manger		
	3	Desserte	Logement du Directeur	Logement du Directeur
	4	Cuisine		
	5	Vestibule		
	6	Cabinet du Directeur		
	7	Couloir		
	8	Oreille		
	9	Escalier de l'Inspecteur	Logement de l'Inspecteur	Logement de l'Inspecteur
	10	Comptable		
	11	Cabinet de l'Inspecteur		
	12	Instituteur		
	13	Archives		
O	1	Corps de garde	Logement du gardien Chef	Logement du gardien Chef
	2	Logement du concierge	Logement du Greffier	Logement du Greffier

Service de l'Entreprise Générale

		Rez de Chaussée	1er Étage	2e Étage
P	1	Logement du Cantinier		
	2	Cuisine de la Cantine	Vestiaire	
	3	Magasin		
	4	Chambre de raccommodage	Lingerie	
	5	Service de la buanderie		
	6	Idem	Séchoir d'hiver	
	7	Four		
	8	Buanderie		
	9	Fournil		
	10.10.10	Service du Four et chambre à pain	Chambre à Farine	Chambre à Farine
Q		Cabinet d'Aisances		
R	1	Écurie de l'Entreprise		
	2	Salle à manger de l'Entrepreneur		
	3	Bureau de l'Entreprise Générale	Logement de l'Entrepreneur	
S		Cour de l'Administration		

T Étendoirs U Chemin de ronde V Préaux X Jardins Y Clos

Maison Centrale de Poissy.

Cubage des habitations.

Désignation des habitations.		Nombre de lits ou d'habitans.	Longueur.	Largeur.	Superficie.	Hauteur.	Cubage.	Cube d'air par individu.	Observations.
Dortoirs.									
	Nos.								
Côté droit	1..	80	22.00	10.60	233.20	3.30	769.50	9.61	
	2..	80	28.00	10.60	296.80	3.30	979.44	12.24	
	3..	108	22.00	10.60	233.20	3.30	769.50	7.13	
	4..	80	28.00	10.60	296.80	3.30	979.44	12.24	
	5..	107	22.00	10.60	233.20	2.90	676.28	6.32	
	6..	78	28.00	10.60	296.80	2.90	860.72	11.03	
	7..	9	6.70	4.00	26.80	3.30	88.44	9.82	
	8..	9	6.70	4.00	26.80	3.30	88.44	9.82	
	9..	8	6.70	4.00	26.80	2.90	77.72	9.70	
Côté gauche.	1..	106	20.20	10.60	218.20	3.30	706.59	6.68	
	2..	76	22.00	10.60	233.20	3.30	769.50	10.12	
	3..	108	28.00	10.60	296.80	3.30	979.44	9.07	
	4..	79	17.50	10.60	185.50	3.30	612.15	7.73	
	5..	107	28.00	10.60	296.80	2.90	860.72	8.04	
	6..	78	22.00	10.60	233.20	2.90	676.28	8.67	
	7..	9	6.70	4.00	26.80	3.30	88.44	9.82	
	8..	9	6.70	4.00	26.80	3.30	88.44	9.82	
	9..	8	6.70	4.00	26.80	2.90	77.72	9.70	
Grand Préau.									
Côté droit.....		150	42.00	10.50	441.00	4.20	926.10 }	12.34	1,852.20
Côté gauche....		150	42.00	10.50	441.00	4.20	926.10 }		
Moye des Dortoirs...		1,489					12,000.96	8.40	
Infirmeries.									
Salle ... No. 1..		26	25.30	7.30	184.69	3.80	701.82	26.99	
Salle ... No. 2..		26	25.30	7.30	184.69	3.80	701.82	26.99	
Salle de Punition..		6	7.40	5.20	38.48	3.80	176.22	29.37	
Moye des Infirmeries ..		58					1,579.86	27.23	

Cubage des habitations.

Désignation des habitations.	Nombre de lits ou d'habitans.	Longueur.	Largeur.	Superficie.	Hauteur.	Cubage.	Cube d'air par individu.	Observation
Ateliers.								
Serruriers, Côté droit	59	22.00	10.60	233.20	3.30	769.50	13.04	
N° 2..	60	28.00	10.60	296.80	3.30	979.44	16.32	
Crayons N° 1..	75	41.80	7.80	342.76	4.30	1,473.86	19.65	
N° 2..	78	41.80	7.80	342.76	4.30	1,473.86	18.89	
Bonnetiers	127	41.80	7.80	342.76	4.30	1,473.86	11.60	
Ébénistes Brossier .	78	41.80	7.80	342.76	4.30	1,473.86	18.89	
Tisserands	65	25.72	7.80	201.61	3.30	762.31	11.72	
Graveurs	42	21.35	7.80	166.53	3.80	632.81	15.06	
Peigner	30	25.72	7.80	201.61	3.80	762.31	13.24	
Corderie	10	25.72	7.80	201.61	3.00	601.83	60.18	
Cartons	48	21.35	7.80	166.53	3.00	499.59	10.40	
Tailleurs	29	14.50	4.30	63.35	3.20	199.52	6.88	
Chaussons. N° 1..	14	18.00	4.30	77.40	3.70	286.38	20.45	
N° 2..	40	16.80	4.30	70.56	2.70	190.51	4.76	
Boutons, N° 1..	24	12.00	3.40	40.80	2.70	110.16	4.59	
N° 2..	24	12.00	6.40	76.80	3.60	276.48	11.52	
Serrurerie Côté gauche {	51 {	22.00	10.60	233.20	3.30	769.50 }	34.29	1,748.94.
D°.... {		28.00	10.60	296.80	3.30	979.44 }		
École	191	21.35	7.80	166.53	3.80	632.81	3.31	

MAISON CENTRALE

DE FORCE ET DE CORRECTION

DE

RENNES

(Ille et Vilaine)

MAISON CENTRALE DE RENNES
LÉGENDE

		Rez de Chaussée	1er étage	2e étage	3e étage
A	1	Cuisine et dépendances	Infirmerie Salle de médecine (Nord)	Salle de Chirurgie	Dortoirs Nos 8 à 9
	2	Dortoir N° 14	Dortoir N° 6	Dortoir N° 7	
B	1	Chapelle 1 Sanctuaire	Tribune		
	2	Chapelle		1 Dortoir	
C	1	Atelier de grosse couture	Dortoir N° 15	Dortoir N° 16	
	2	Menuiserie			
D	1	Réfectoire	Dortoirs N° 10 et 11	Dortoirs N° 12 et 13	
	2	Dortoir N° 19			
E	1	Greffe			
	2	Logement du Directeur	Logement du Directeur	Logement du Directeur	
	3	Pharmacie			
F		Ateliers 1 et 2	Dortoirs 1 et 2	Dortoir	
G		Logement des sœurs	Logement des sœurs		
H	1	Poste des gardiens	Lingerie		
	2	Dortoir			
I	1	Parloir			
	2	Concierge	Logement du Concierge		
K		Bureaux et Magasins de l'Entreprise	Grenier		
L	1	Réfectoires	Greniers		
	2	Cantine			
M		Ateliers Éplucherie Tissage	Dortoir N° 17		
N		Inoccupé Réfectoire projeté	Vestiaire des détenus		
O		Atelier de ravaudeuses			
P	1	Buanderie			
	2	Lavoir			
Q	1	Cellules			
R	1	Cellules			
	2	Passage			
S		Boulangerie			
T		Atelier de blouses à tricots			
U		Atelier de fileuses			

MAISON CENTRALE DE FORCE ET DE CORRECTION
DE RENNES

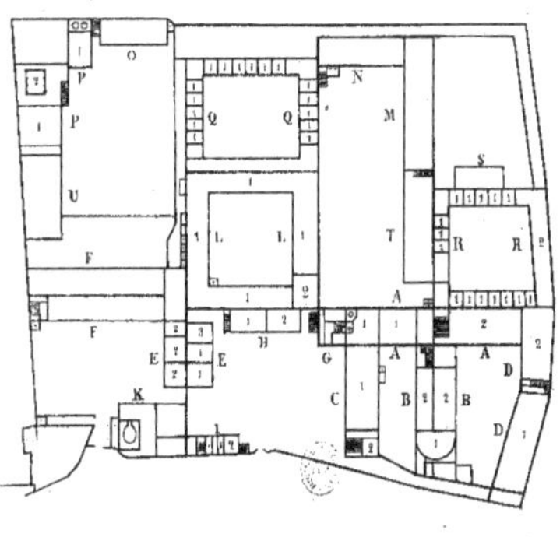

Maison Centrale de force et de correction de Renne

Cubage des habitations.

Désignation des habitations.	Nombre de lits ou d'habitans	Longueur.	Largeur.	Superf.	haut.	Cubage.	Cube d'air par Individu.	Observ.
Dortoirs.								
Dortoirs Nᵒ. 1 ..	88	30.60	5.55	169.83	3.00	509.49	8.78	
Nᵒ. 2 ..	56	30.60	5.55	169.83	3.00	509.49	9.09	
Nᵒ. 3 ..	108	30.90	11.55	356.89	1.90	678.10	6.27	
Nᵒ. 4 ..	52	19.00	6.80	129.20	3.25	419.90	8.07	
Nᵒ. 5 ..	54	18.50	8.00	148.00	2.80	414.40	7.67	
Nᵒ. 6 ..	29	13.00	6.30	81.90	3.50	286.65	9.88	
Nᵒ. 7 ..	37	16.00	6.30	100.80	3.50	352.80	9.53	
Nᵒ. 8 ..	31	16.00	6.30	100.80	2.60	262.08	8.45	
Nᵒ. 9 ..	49	19.00	5.80	110.20	2.80	308.56	6.29	
Nᵒ. 10 ..	41	16.50	5.60	91.40	3.00	274.20	6.68	
Nᵒ. 11 ..	36	18.50	5.80	107.30	2.30	246.79	6.85	
Nᵒ. 12 ..	32	16.50	5.60	92.40	2.00	184.80	5.77	
Nᵒ. 13 ..	19	9.00	6.30	56.70	3.00	170.10	8.95	
Nᵒ. 14 ..	40	15.50	6.80	105.40	4.30	453.22	11.33	
Nᵒ. 15 ..	42	18.55	6.00	111.30	3.15	350.59	8.34	
Nᵒ. 16 ..	42	18.55	6.00	111.30	2.70	300.51	7.15	
Nᵒ. 17 ..	44	24.00	6.60	158.40	2.50	396.00	9.00	
Nᵒ. 19 ..	28	14.00	5.60	78.40	3.00	225.20	8.05	
Moyenne des dortoirs	798					6,342.88	7.95	
Infirmeries								
Salle de Médecine ..	21	13.00	6.30	81.90	3.60	294.84	14.00	
Salle de Chirurgie .	25	17.60	6.30	110.88	3.60	399.16	15.96	
Salle des Galeuses .	5	5.00	4.00	20.00	3.60	72.00	14.40	
Moyenne des Infirmeries	51					766.00	15.00	
Ateliers.								
Nᵒ. 1	124	33.50	5.15	172.52	3.30	569.33	4.59	
Nᵒ. 2	116	26.00	5.00	130.00	3.30	429.00	3.69	

Rennes.

Suite du Cubage des habitations.

Désignation des habitations.	Nombre de lits ou d'habitans.	Longueur.	Largeur.	Superficie.	hauteur.	Cubage.	Cube d'air par Individu.	Observations.
Ateliers.								
N°. 3	59	18.20	6.85	124.67	4.00	498.68	8.45	
N°. 4	22	17.00	4.85	82.45	2.60	214.37	9.74	
N°. 5	61	24.00	6.60	158.40	3.50	554.40	9.08	
N°. 6	141	21.00	7.00	147.00	6.00	882.00	6.25	
N°. 7	140	18.45	5.85	107.93	4.00	431.72	3.08	
Grand Réfectoire ..	435	110.00	3.30	363.00	3.50	1,270.00	2.92	
Petit Réfectoire ...	141	18.50	5.80	107.30	2.00	214.60	1.52	

MAISON CENTRALE

DE FORCE ET DE CORRECTION

DE

RIOM

(Puy de Dome)

MAISON CENTRALE DE RIOM

LÉGENDE

	Rez-de-Chaussée	1ᵉʳ étage	2ᵉ étage	Soubassement
A	1 Logement du Directeur 2 Logement de l'Inspecteur 3 Greffe 4 Portier 5 Laboratoire 6 Bureaux de l'entreprise 7 Magasins de farine	7 Salles d'infirmerie Salle de consultation	1 Salle d'infirmerie 1 Salle de galeux 2 Dortoirs de vieillards	Salle de bains Panneterie Magasins Caves Salle d'autopsie
B	1 Atelier de Serrurerie 2 Atelier de Tailleurs	Atelier de Cordonniers Atelier de chapeaux	Magasin Atelier de chapeaux et dortoir de politiques	
C	1 Atelier de tisserands	Dévidage de soie	Cordonnerie Dortoirs	
D	1 Atelier de menuiserie 2 Corps de garde des gardiens 3 Cabinet du gardien chef 4 Dortoir des gardiens	École et Chapelle	Atelier de la Peluche	
E	1 Magasin 2 Atelier de cardeurs	Atelier de peluche Atelier des chapelets	Pliage de soie Menuiserie, Serrurerie Bureau.	3ᵉ étage
F	1 Presse des frisons	6 Dortoirs	6 Dortoirs	6 Dortoirs
G	1 Réfectoire	Dortoir	Dortoir de gardiens	
H	1 Réfectoire	Atelier de peluche Dortoir	Atelier de peluche	
I	1 Cellules	Dortoirs	Dortoirs	
K	1 Cellules	Moulinage de soie	Atelier de peluche	
L	au dessous du chemin de ronde, atelier de cardage des frisons			
M	Château d'Eau			
N	Chemin de ronde			
O	Tunnel			
P	Services de l'économat 1 Four 2 Cuisine 3 Buanderie	Séchoir, vestiaire Lingerie, farines et légumes secs		

MAISON CENTRALE DE FORCE ET DE CORRECTION

DE RIOM.

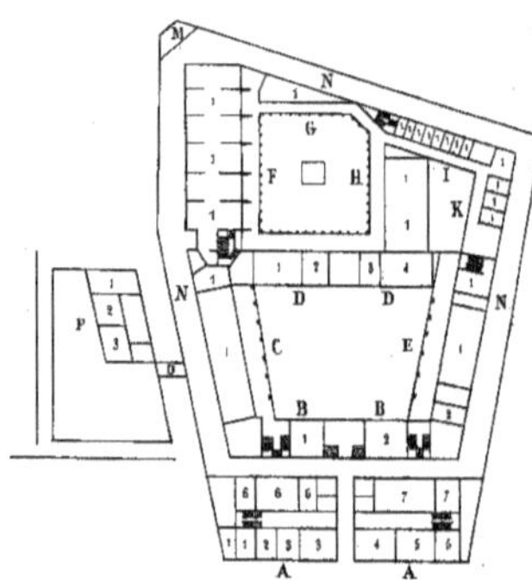

Maison Centrale de force et de correction de Riom.

Cubage des habitations.

Désignation des habitations.	Nombre de lits ou d'habitans.	Long.	Largeur.	Superficie.	hauteur.	Cubage.	Cube par individu.	Observa.
Dortoirs.								
Grande Division.								
1er Étage.								
5 dortoirs { 1re p. ...	27	13.80	5.30	73.14	3.50	255.99	11.73	316.75
{ 2e p. ...		6.20	2.80	17.36	3.50	60.76		
6e Dortoir	25	13.80	5.30	73.14	3.50	255.99	10.24	
Dortoir de l'Escalier.	12	5.55	6.20	34.41	3.50	120.43	10.00	
2e Étage. 6 dortoirs semblables.	28					316.75	11.31	316.75
Dortoir de l'escalier.	12	5.55	6.20	34.41	3.50	120.43	10.00	
3e Étage { 1re p. ...	29	13.67	5.33	72.86	3.50	255.01	10.40	303.31
5 Dortoirs. { 2e p. ...		6.00	2.72	16.32	2.96	48.30		
Dortoir de la terrasse.	60	22.26	7.90	175.85	2.96	520.51	8.66	
Dortoir de la filature.	40	16.60	6.70	111.22	3.50	389.27	11.45	
Dortoir des apprentis.	33	16.60	6.70	111.22	3.90	433.75	13.14	
Gd dortoir du midi. . .	59	27.57	6.55	180.58	3.34	603.13	10.22	
Dortoir des vieillards.	42	19.30	5.97	103.61	3.10	321.28	7.65	
Dortoir . . .	30	13.60	6.00	81.60	3.00	244.80	7.32	
Petit Dortoir	14	8.00	6.00	48.00	3.10	148.80	10.57	
Dort. de l'administration	43	16.50	6.00	99.00	3.10	306.90	8.29	
2e des Contre-maîtres.	17	6.70	6.70	44.89	3.53	158.46	9.32	
Petit dortoir du Midi.	18	5.50	5.46	30.24	3.34	101.00	5.55	
Dortoir ancien	48	17.58	6.50	114.27	3.53	403.37	8.81	
Moyenne des Dortoirs	537					5,064.93	9.43	
Infirmeries.								
Salle des fiévreux . .		12.00	6.00	72.00	3.80	273.60		
Salle de Chirurgie. .		12.00	6.00	72.00	3.80	273.60		
Salle supplémentaire.	100	13.00	5.90	76.70	3.80	291.46	17.94	
5 Petites salles		44.00	4.20	184.80	3.80	702.24		
Salle des Infirmes . .		4.55	6.05	27.52	3.80	104.57		
Petite Salle		8.00	6.00	48.00	3.10	148.80		
Moye. des Infirmeries . .	100					1,794.27	17.94	

Riom

Suite du Cubage des habitations.

Désignation des habitations.	Nombre de lits ou d'habitans.	Longueur.	Largeur.	Superficie.	Hauteur.	Cubage.	Cube d'air par individu.	Observations.
Réfectoires { N° 1..	300	21.00	8.00	168.00	4.00	672.00	2.24	
N° 2..	150	18.00	3.40	61.20	3.60	220.32	1.47	
Ateliers.								
Caoutchouc.....	32	27.70	6.40	177.28	3.80	673.66	21.05	
Presseurs......	83	37.00	11.50	425.50	3.80	1,616.90	19.40	
Serruriers.....	5	7.50	6.30	47.25	3.80	179.55	35.91	
Presse, Carde....	82	39.00	6.30	245.70	3.80	933.00	11.38	
Chiffons......	17	7.50	6.30	47.25	3.80	179.55	10.58	
Dévidage de soie.	65					826.21	12.71	
Peluche........	25	69.60	2.70	187.92	3.42	642.68	25.70	
Lustreurs......	9	7.25	6.00	43.50	3.70	160.95	17.89	
Tissage.......	15	7.25	6.00	43.50	3.70	160.95	10.73	
Séchoirs.......	28	45.00	6.50	292.50	4.15	1,213.87	43.35	
Pliage........	3	27.50	2.70	74.25	3.10	230.17	47.20	
Arsonnage.....	5	6.00	6.00	36.00	3.10	111.60	22.32	
Foulage......	6	7.00	6.00	42.00	3.10	130.20	21.70	
Chapelets.....	74	22.00	8.70	191.40	5.00	957.00	12.93	
Pincetage......	27	16.60	6.70	111.22	3.90	433.75	16.05	
Cordonnerie....	77	27.50	2.70	74.25	3.16	234.63	3.04	
Moulinage.....	25	14.00	6.00	84.00	3.10	260.40	10.40	
Apprentis peluche.	24	26.00	2.00	52.00	3.10	161.20	6.71	

MAISON CENTRALE

DE FORCE ET DE CORRECTION

DE

VANNES.

(Morbihan.)

MAISON CENTRALE DE VANNES.

LÉGENDE.

A. Bâtiment à 1 Étage, avec grenier non utilisable. 1. Atelier. 2. Réfectoire. 3. Latrines

B. Préau commun.

C. Galerie couverte

D. Bâtiment comprenant un Rez-de-chaussée, 2 Étages et 1 Grenier.

Rez-de-chaussée. 1. Dortoir des vieilles et reposantes. 2. Cellule de surveillance. 3. Escalier. 4. Cellule. 5. Cellule magasin. 6. Escalier. 7. Cellule de surveillance. 8. Dortoir (Nᵒ 2.)

1ᵉʳ Étage. Dortoir 3 et 4. Cuisine et décharge des sœurs.

2ᵉ Étage. Dortoir 5 et 6. Cabinet du Médecin et Laboratoire de Pharmacie.

Greniers

E. Bâtiment comprenant un Rez-de-chaussée et 2 Étages.

Rez-de-chaussée. 1. Chœur et Autel double. 2. Sacristie. 3. Chapelle de la Vierge. 4. Passage et bas côtés occupés par les détenues de la Maison centrale 5. Bas côtés occupés par les détenus et les détenues de la Prison départementale

1ᵉʳ Étage. Prétoire, Salon des sœurs, Cabinet de la supérieure Salle à manger des sœurs, École

2ᵉ Étage. Infirmerie comprenant 2 Dortoirs, 1 Salle de galeuses, et 1 Infirmerie pour les sœurs.

F. Le 2ᵉ Étage et le grenier de ce bâtiment appartiennent seuls à la Maison centrale.

2ᵉ Étage. Dortoirs 7 et 8

Grenier. Lingerie, Vestiaire des entrantes. Atelier de couture de la régie. Grenier.

G. Bâtiment à 2 Étages

Rez-de-chaussée. Cuisine et dépendances.

1ᵉʳ Étage. Dortoir Nᵒ 9 pour les détenues employées au service de la Régie.

H. Rez-de-chaussée. 1. Bains. 2. Lazaret. 3. Magasin.

J. Cour d'entrée.

K. Cour des Bains

L. Chemin de ronde

M. Bâtiments à 2 Étages

Rez-de-chaussée. 1. Gardiens. 2. Portier. 3. Corps de garde

1ᵉʳ Étage. Greffe, Cabinet du Directeur, Bureau de l'Économe, Logement du Gardien-chef.

N. Rez-de-chaussée. 1. Bureau de la Prison départementale. 2. Magasin de farines. 3. Boulangerie. 4. Magasins de la Régie. 5. Bureau de la Régie. 6. Bûcher.

O. Salle des morts.

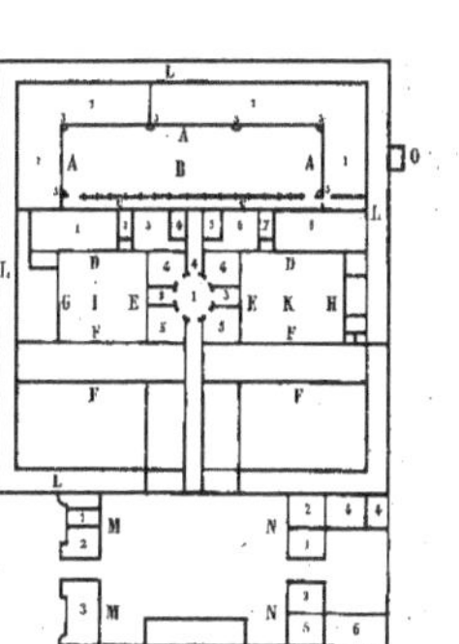

Maison Centrale de force et de correction de Vannes.

Cubage des habitations.

Désignation des habitations.	Nombre de lits ou d'habitans.	Longueur.	Largeur.	Superficie.	Hauteur.	Cubage.	Cube d'air par individu.	Observations.
Dortoirs.								
Dortoir N° 1....	26	17.85	5.60	99.96	3.60	367.50	14.13	
N° 2....	41	17.85	5.60	99.96	3.60	367.50	8.96	
N° 3....	41	17.85	5.60	99.96	3.20	322.83	7.87	
N° 4....	41	17.85	5.60	99.96	3.20	322.83	7.87	
N° 5....	41	17.85	5.60	99.96	3.00	306.59	7.47	
N° 6....	41	17.85	5.60	99.96	3.00	306.59	7.47	
N° 7....	41	17.85	5.60	99.96	3.00	306.59	7.47	
N° 8....	41	17.85	5.60	99.96	3.00	306.59	7.47	
N° 9....	24	12.70	5.60	71.12	3.00	213.30	8.88	
Moyenne des Dortoirs.	337					2,820.32	8.37	
Infirmeries.								
Ste Marie....	19	13.65	5.60	76.44	3.00	229.32	12.07	
Ste Pélagie....	15	10.10	5.60	56.56	3.00	169.68	11.27	
Ste Gall......	3	6.30	5.60	35.28	3.00	105.84	35.28	
Maternité....	1	3.30	5.60	18.48	3.00	55.44	55.44	
Moyenne des Infirmeries	38					560.28	14.74	
Atelier.....	333					1,622.04	4.87	
Réfectoire.....	333					1,138.60	3.41	